普通高等教育电气工程及其自动化应用型教材

电气识图与 CAD 制图

主　编◎易兴庭　廖天应

副主编◎王月东

西南交通大学出版社

·成　都·

图书在版编目（CIP）数据

电气识图与 CAD 制图 / 易兴庭，廖天应主编. --成
都：西南交通大学出版社，2023.12
ISBN 978-7-5643-9631-2

Ⅰ. ①电… Ⅱ. ①易… ②廖… Ⅲ. ①电路图–识图
–高等学校–教材②电气制图–AutoCAD 软件–高等学校–
教材 Ⅳ. ①TM13 ②TM02-39

中国国家版本馆 CIP 数据核字（2023）第 235869 号

Dianqi Shitu yu CAD Zhitu
电气识图与 CAD 制图

主编　易兴庭　廖天应

责任编辑	穆　丰
封面设计	何东琳设计工作室

出版发行	西南交通大学出版社
	（四川省成都市金牛区二环路北一段 111 号
	西南交通大学创新大厦 21 楼）
邮政编码	610031
营销部电话	028-87600564　　　028-87600533
网址	http://www.xnjdcbs.com
印刷	成都蜀通印务有限责任公司

成品尺寸	185 mm × 260 mm
印张	12.5
字数	311 千
版次	2023 年 12 月第 1 版
印次	2023 年 12 月第 1 次
书号	ISBN 978-7-5643-9631-2
定价	37.00 元

课件咨询电话：028-81435775
图书如有印装质量问题　本社负责退换
版权所有　盗版必究　举报电话：028-87600562

前　言

电气识图与制图是电气工程领域中非常重要的知识和技能。随着科技的发展与电气系统复杂性的不断增加，电气识图和制图的应用越来越广泛。本书旨在加强本科电气类相关专业学生的工程实践能力与工程设计能力，主要介绍 AutoCAD 和天正电气软件在电气领域中的应用，涵盖电气控制、工业控制、供配电工程等内容。

本书内容包括 AutoCAD 2018 的基本操作命令、电气制图的一般规则、电气图的基本知识、电气图和连接线的表示方法、常用电气图形符号、电气控制原理图的识图与制图、供配电工程图的识图与制图和天正电气软件介绍与应用等。这些内容大多数来源于工厂生产实践和电力工程实践，通过对生产单位和电力企业的广泛调研，搜集了大量有实用意义的资料，使内容更加贴近现场与实际。本书遵循循序渐进的原则，由基础实践技能到综合实践技能，以由浅入深的培养方法，培养学生分析和解决实际问题的能力。

本书的主要特点包括：

（1）识图与绘图相结合，每个章节都配有案例和练习，使读者在学会使用 AutoCAD 绘制电气图的同时，能够理解电气图的设计标准、规范和识图方法。

（2）教材内容涵盖电气设计各个专业学科，读者可有针对性地学习相关章节，做到有的放矢；不同专业的学生可以选做本专业相关的实践题目。

（3）书中全部电气图形符号均采用国家标准，所有实例均经过实践检验。

（4）实例讲解深入浅出，读者只需按书中实例操作，即可在短时间掌握 AutoCAD 和天正电气软件在电气领域的应用。

本书第 1 章和第 2 章由王月东编写，第 3 章和第 4 章由易兴庭编写，第 5 章由廖天应编写。全书由易兴庭策划和统稿。

由于编者能力和时间有限，书稿不完善和不足之处在所难免，恳请专家和读者不吝指正，多提宝贵意见。在此，感谢为本书付出辛勤劳动的编者们。

编　者

2023 年 12 月

二维码目录

序号	二维码名称	资源类型	书籍页码
1	视频 3.1 开关触头符号的绘制	视频	92
2	视频 3.2 继电器符号的绘制	视频	96
3	视频 3.3 交流电动机符号的绘制	视频	97
4	视频 3.4 变压器符号的绘制	视频	98
5	视频 3.5 其他元件符号的绘制	视频	100
6	视频 4.1 CA6140 型普通车床电气控制电路图的绘制	视频	125
7	视频 4.2 八路电容补偿电路原理图的制图	视频	132
8	视频 5.1 图层控制菜单使用示例	视频	145
9	视频 5.2 设备替换命令示例	视频	162
10	视频 5.3 阅览室照明平面图绘制	视频	173
11	视频 5.4 阅览室照明平面图标注	视频	177
12	视频 5.5 阅览室照明配电箱系统图绘制	视频	179
13	视频 5.6 低压单线系统图绘制	视频	180
14	视频 5.7 星三角启动电机主回路图绘制	视频	182
15	视频 5.8 风机控制原理图绘制	视频	183
16	视频 5.9 利用天正电气进行建筑物防雷计算	视频	187

目录

第五章　天正电气软件介绍与应用

参考文献

第一章 AutoCAD 2018 绘图基础

AutoCAD 2018 是由美国 Autodesk（欧特克）公司开发的通用计算机辅助绘图与设计软件。该软件具有易于掌握、使用方便、体系结构开放等优点，能够帮助制图者实现绘制二维与三维图形、标注尺寸、渲染图形以及打印输出图纸等功能，被广泛应用于机械、建筑、电子、航天、造船、冶金、石油化工、土木工程等领域。本章重点介绍 AutoCAD 软件的基础知识，为用户认识与学习该软件打下坚实基础。

用户可以购买正版软件，也可以通过官方 Autodesk 网站下载软件并订购固定期限的使用许可。教师和学生也可以在 Autodesk 教育社区注册后获取免费软件。

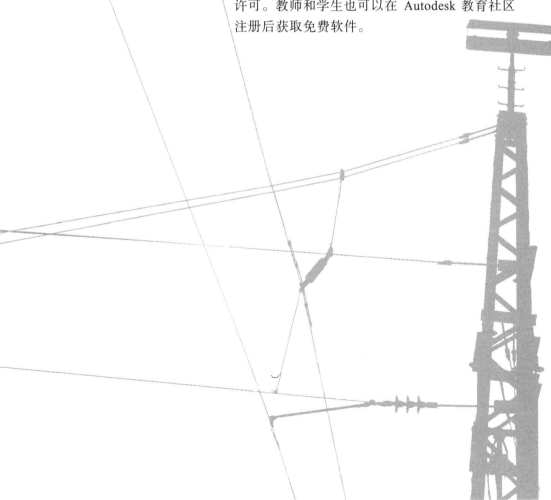

第一节　AutoCAD 2018 的基本知识

一、AutoCAD 2018 启动与退出

（一）启动

用户完成 AutoCAD 2018 安装后，可通过以下几种方式启动该软件：

（1）桌面快捷图标启动：安装 AutoCAD 2018 时软件在系统桌面上创建了快捷图标，双击该图标可以启动软件。

（2）"开始"菜单启动：依次单击桌面上的"开始"→"所有程序"→"Autodesk"→"AutoCAD 2018"命令。

（二）退出

用户完成图形绘制后，可通过以下方式退出软件：

（1）在 AutoCAD 2018 菜单栏中选择"文件"→"退出"命令。

（2）单击 AutoCAD 2018 软件界面右上角的"关闭"✕按钮。

（3）在命令行中输入"QUIT"并按"Enter"键。

（4）单击 AutoCAD 2018 软件界面左上角的"应用程序"A按钮，然后在弹出的菜单中选择"退出 Autodesk AutoCAD 2018"选项。

二、工作界面与工作空间

（一）工作界面

启动 AutoCAD 即可默认进入"草图与注释"工作空间，工作界面是 AutoCAD 显示、编辑图形的区域。完整的工作界面包括应用程序按钮、快速访问工具栏、标题栏、菜单栏、功能区、十字光标、绘图区、坐标系图标、命令行、状态栏等部分，具体如图 1.1 所示。

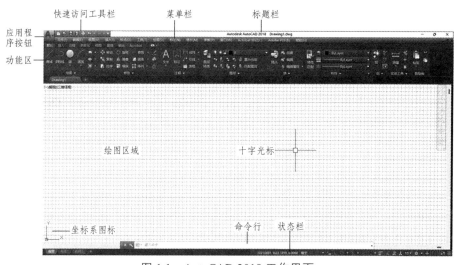

图 1.1　AutoCAD 2018 工作界面

1. 应用程序按钮

单击应用程序按钮会出现下拉菜单，其中包括"新建""打开""保存""打印""发布"等选项，还可访问"选项"对话框，或者执行退出应用程序等操作。"应用程序"下拉菜单如图 1.2 所示。

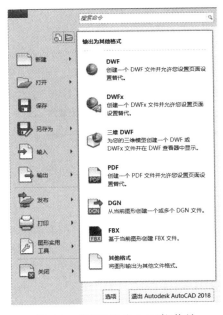

图 1.2　"应用程序"下拉菜单

2. 快速访问工具栏

快速访问工具栏包括"新建""打开""保存""另存为""打印""放弃""重做"等常用的工具按钮。用户也可以单击该工具栏后面的下拉按钮自定义快速访问工具栏，如图 1.3 所示。

3. 标题栏

标题栏用以显示应用程序名和当前操作的文件名称。AutoCAD 默认的图形文件名称为 DrawingN.dwg（N 是数字）。如图 1.1 所示，该应用程序名为"Autodesk AutoCAD 2018"，当前文件的名称为"Drawing1.dwg"。

4. 菜单栏

AutoCAD 2018 默认不显示菜单栏，单击快速访问工具栏最右侧的下拉按钮，弹出如图 1.3 所示的"自定义快速访问工具栏"列表，选择"显示菜单栏"或"隐藏菜单栏"即可显示或者隐藏菜单栏。菜单栏包括"文件""编辑""视图"等多个下拉菜单，这些菜单包含 AutoCAD 所有命令，后面章节将对各个菜单功能进行详细介绍。

5. 功能区

功能区提供了创建和编辑文件的所有工具命令。功能区包括选项卡

图 1.3　"自定义快速访问工具栏"列表

和面板两部分，在每个选项卡的下面都对应着相应的面板，如图 1.4 所示。单击选项卡后面的  按钮，可以控制功能区的展开与收缩。

选项卡
面板

图 1.4　功能区

6. 绘图区

绘图区是 AutoCAD 显示、绘制图形的核心区域。绘图区中还包含十字光标、坐标系图标和导航栏等重要工具，如图 1.5 所示。用户可根据需要关闭各个工具，以增大绘图区域。还可以拖动水平和竖直的滚动条，以查看幅面较大的图纸。

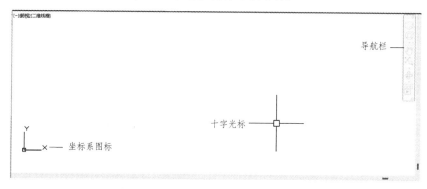

导航栏
十字光标
Y
×—坐标系图标

图 1.5　绘图区

将绘图区域中表示光标的十字线称为十字光标，十字线交点反映了光标在当前坐标系中的位置。十字线的方向与当前坐标系的 X、Y 轴方向平行。系统默认十字线的长度为绘图区域大小的 5%，用户可以根据实际需要修改其大小。

坐标系图标表示当前绘图所用的坐标系样式，其作用是为点的坐标提供一个参照系。用户可根据工作需要将其关闭，具体操作步骤为"视图"→"显示"→"UCS 图标"→"开"，如图 1.6 所示。

图 1.6　关闭坐标系图标

导航栏位于绘图区域的右侧，用以控制图形的缩放、平移、动态观察等功能。一般二维状态下不需要显示导航栏，可以通过"视图"选项卡的"视口工具"面板上单击"导航栏"显示按钮来打开或关闭导航栏，如图 1.7 所示。

图 1.7　打开或关闭导航栏

7. 命令行

默认情况下，命令行位于绘图区域的下方，用于输入系统命令或显示命令的提示信息。用户在面板区、菜单栏或工具栏中选择某个命令时，命令行中也会显示提示信息，如图 1.8 所示。在 AutoCAD 2018 中，可以自由拖动命令行为浮动窗口或固定窗口，也可以设置"是否显示历史命令"或"提示历史记录"的行数，其默认值为 3。用户还可以自定义命令行的透明度，以及根据自己的使用习惯随时修改设置。

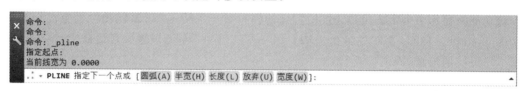

图 1.8　命令行显示提示信息

8. 状态栏

状态栏位于绘图屏幕的底部，用于显示坐标、提示信息等，同时还提供了一系列的控制按钮，如图 1.9 所示。每个按钮均可通过单击鼠标左键打开或关闭相应功能，单击鼠标右键弹出快捷菜单。用户还可以单击状态栏最右侧的"自定义"按钮，从弹出的菜单中选择状态栏显示的内容。

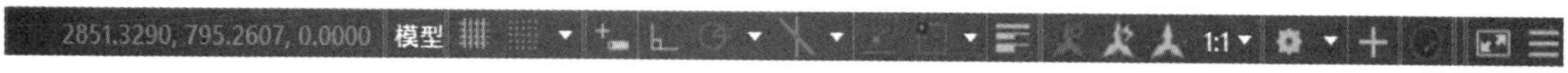

图 1.9　状态栏

状态栏具体内容如下：

（1）图形坐标。显示绘图区光标所在位置点的坐标。

（2）模型或图纸空间。在模型空间与布局空间之间进行切换。

（3）显示图形栅格。栅格是覆盖整个 XY 平面的直线或点组成的矩形图案。开启"显示图形栅格"，类似于在绘图区下放置一张坐标纸。可以通过鼠标右键单击栅格图标 打开"草图设置"对话框，进而设置栅格 X 轴和 Y 轴间距，如图 1.10 所示。

（4）捕捉模式。对象捕捉对于在对象上指定精确位置非常重要。不论何时提示输入点，都可以指定对象捕捉。默认情况下，当光标移到对象的捕捉位置时，将显示标记和工具提示。

（5）推断约束。自动在正在创建或编辑的对象与对象捕捉的关联对象或点之间应用约束。

（6）动态输入。打开动态输入，将会在绘制图形时自动显示动态输入文本框，方便用户设置精确数值。

图 1.10　草图设置对话框

（7）正交模式。"正交"的含义是指在绘图时制定第一点后，连接光标和起点的直线总是平行于 X 轴或 Y 轴。

（8）极轴追踪。打开极轴追踪，光标将按指定角度进行移动。创建或修改对象时，可以使用该功能来显示由指定的极轴角度所定义的临时对齐路径。系统默认预设了与 X 轴的夹角分别为 0°、90°、180°、270°的 4 个极轴。用户可以通过"草图设置"对话框的"极轴追踪"选项卡增设其他极轴。

（9）等轴测草图。通过设定"等轴测捕捉／栅格"，可以很容易地沿 3 个等轴测平面之一对齐对象。尽管等轴测图形看似三维图形，但它实际上是由二维图形表示的，因此不能期望提取三维距离和面积，以及从不同视点显示对象或自动消除隐藏线。

（10）对象捕捉追踪。开启该功能，可以捕捉对象上的关键点，并沿正交方向或极轴方向拖动光标，可以显示光标当前位置与捕捉点之间的相对关系，若找到符合要求的点，单击即可确定。

（11）二维对象捕捉。在绘图时利用该功能可以自动捕捉已有图形上的关键点，例如直线的端点和中点、圆的圆心和象限点等。用户还可通过"草图设置"对话框的"对象捕捉"选项卡设置对象的捕捉模式，如图 1.11 所示。

图 1.11　设置对象的捕捉模式

（12）显示/隐藏线宽。分别显示对象所在图层中设置的不同宽度，而不是统一线宽。

（13）透明度。用于调整绘图时对象显示的敏感程度。

（14）动态 UCS（用户坐标系）。在创建对象时使 UCS 的 XY 平面自动与实体模型上的平面临时对齐。

（15）选择过滤。根据对象特性或对象类型对选择集进行过滤。

（16）自动缩放。注释比例更改时，自动将比例添加到注释对象。

（17）注释比例。单击右下角的下拉按钮，在弹出的下拉菜单中可以根据需要选择适当的注释比例，如图 1.12 所示。

（18）切换工作空间。该功能可实现工作空间的切换。

（19）注释监视器。打开仅用于所有事件或模型文档事件的注释监视器。

（20）快捷特性。控制快捷特性面板的开启和关闭。

（21）硬件加速。用于设置图形卡的驱动程序以及硬件加速选项。

（22）全屏显示。单击该按钮，可清除 Windows 窗口中的标题栏、功能区和选项板等界面元素，使 AutoCAD 的绘图窗口全屏显示。

（23）自定义。状态栏默认情况下不会显示所有工具，可通过状态栏最右侧的"自定义"■按钮选择要显示的工具。

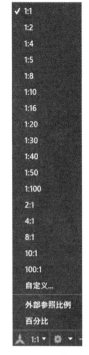

图 1.12 注释比例

（二）工作空间

AutoCAD 提供了"草图与注释""三维基础""三维建模"三种工作空间模式。首次启动 AutoCAD 时，系统将默认进入"草图与注释"空间，用户可根据需要选择不同的工作空间。

单击快速访问工具栏中单击"工作空间"下拉列表后面的小三角按钮（见图 1.13a），或者单击状态栏中的"切换工作空间" ■ ▼按钮（见图 1.13b），都可以切换工作空间。

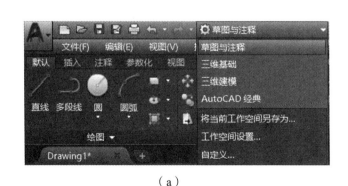

（a）　　　　　　　　　（b）

图 1.13 切换工作空间

"草图与注释"工作空间的界面如图 1.1 所示，是 AutoCAD 默认的工作空间，本书主要以 AutoCAD 2018 的"草图与注释"空间贯穿全书内容进行讲解，所以此处不进行赘述。

使用"三维基础"工作空间可以方便地在三维空间中绘制图形。"三维基础"工作空间界

电气识图与 CAD 制图

面与"草图与注释"工作空间的界面类似，但"三维基础"工作空间功能区包含的是基本的三维建模工具，如各种常用的三维建模、布尔运算以及三维编辑工具，为绘制三维图形、观察图形等操作提供了基础的绘图环境，如图 1.14 所示。

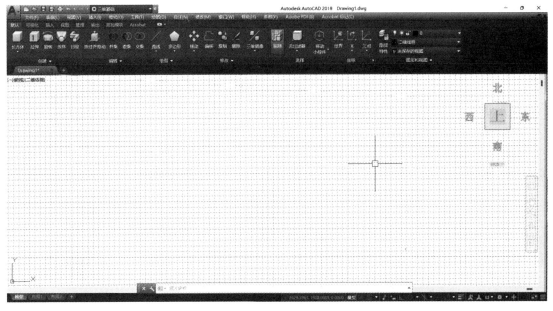

图 1.14 "三维基础"工作空间

"三维建模"工作空间界面与"三维基础"工作空间界面相似，但功能区包含的工具有较大的差异。其功能区选项卡中集中了实体、曲面和网格的多种建模和编辑命令，以及视觉样式、渲染等模型显示工具，为绘制和观察三维图形、附加材质、创建动画、设置光源等提供了非常便利的环境，如图 1.15 所示。

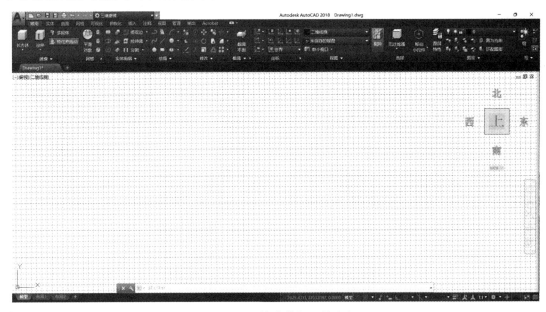

图 1.15 "三维建模"工作空间

三、命令调用方式

命令是用户与软件交互信息的重要方式，掌握 AutoCAD 2018 命令的调用方式是使用该软件制图的基础，也是深入学习 AutoCAD 功能的重要前提。

AutoCAD 中有多种调用命令的方式，下面以绘制直线为例介绍常用的几种方式。

（1）在命令行输入命令。命令字符不分大小写，如命令"LINE"。执行命令时，在命令行提示中经常会出现命令选项。在命令行输入绘制直线的命令"LINE"后，命令行提示与操作如下：

命令：LINE✓

指定第一个点：（在绘图区中指定一个点或输入一个点的坐标）

指定下一点或[放弃(U)]：

命令行中不带括号的提示为默认选项，因此可以直接输入直线的起点坐标或在绘图区域指定一点；如果要选择其他选项，则应该首先输入该选项的标识字符，如"放弃"选项的标识符"U"，然后按照系统提示输入数据即可。在命令选项后面有时还带有尖括号，尖括号内的数值为默认值。

（2）单击菜单栏中的"绘图"按钮，在命令行窗口中也可以看到对应的命令说明及命令名。

（3）选择功能区中"绘图"面板中的命令按钮，在命令行窗口中也可以看到对应的命令说明及命令名。

四、命令的重复、终止与重做

（一）命令的重复

直接在命令行按"Enter"键或空格键，系统立即重复执行上一个命令。

（二）命令的终止

在执行命令过程中，用户可使用以下方法对任何命令进行终止操作：

（1）按"Esc"键。

（2）单击鼠标右键，从弹出的快捷菜单中选择"取消命令"。

（三）重做命令

如果错误地撤销了正确的操作，可以通过"重做"命令进行还原，方法如下：

（1）单击快速访问工具栏中的"重做"按钮 。

（2）使用"Ctrl+Y"组合键，可撤销最近一次操作。

（3）在命令行中输入"REDO"命令并按"Enter"键。

五、文件操作

文件操作主要包括新建文件、打开文件、保存文件、关闭文件、删除文件等，这些都是应用 AutoCAD 2018 的基础知识。

（一）新建文件

通常用户在绘图之前先要新建一个图形文件，方法如下：

（1）在快速访问工具栏中单击"新建"按钮 ![]。

（2）单击"应用程序"按钮 ![]，在弹出列表中选择"新建"选项，如图 1.16 所示。

（3）在菜单栏中单击"文件"→"新建"命令。

（4）使用快捷方式"Ctrl+N"。

（5）在命令行输入"NEW"命令并按"Enter"键。

图 1.16　利用"应用程序"按钮新建文件

执行上述操作后，系统会弹出"选择样板"对话框，如图 1.17 所示。在"文件类型"下拉列表中有 3 种图形样板格式，它们的后缀分别是.dwt、.dwg、.dws。

图 1.17　"选择样板"对话框

一般情况下，.dwt 格式的文件为标准样板文件，一些规定的标准性的样板文件设置为该格式；.dwg 格式的文件是普通样板文件；.dws 格式的文件是包含标准图层、标准样式、线性和文字样式的样板文件。

（二）打开文件

若要打开已存在的文件，常使用以下几种方式：

（1）在快速访问工具栏中单击"打开" 按钮。

（2）单击"应用程序"按钮 ，在弹出列表中选择"打开"选项，如图 1.18 所示。

图 1.18　利用"应用程序"按钮打开文件

（3）在菜单栏中单击"文件"→"打开"命令。

（4）使用快捷方式"Ctrl+O"。

（5）在命令行输入"OPEN"命令并按"Enter"键。

执行上述操作后，系统会弹出"选择文件"对话框，如图 1.19 所示。在"文件类型"下拉列表中有.dwt、.dwg、.dw 和.dxf 格式的文件。

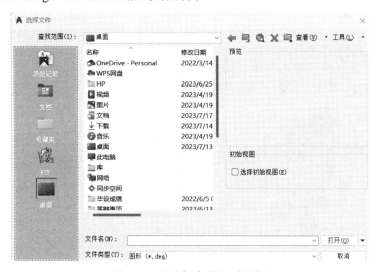

图 1.19　"选择文件"对话框

（三）保存文件

为了避免在出现电源故障或其他意外情况时图形文件及其数据丢失，绘图者应养成随时保存文件的好习惯。用户可通过以下几种方式保存文件：

（1）在快速访问工具栏中单击"保存" 按钮。

（2）单击"应用程序"按钮 ，在弹出列表中选择"保存"选项。

（3）在菜单栏中单击"文件"→"保存"命令。

（4）使用快捷方式"Ctrl+S"。

（5）在命令行输入"SAVE"命令并按"Enter"键。

执行上述命令后，若需要保存的文件在绘制前已命名，则系统会自动将内容保存到该命名的文件中；若该文件未命名（默认名为 drawingN.dwg），则系统会弹出"图形另存为"对话框，用户可以对其命名后再进行保存，如图 1.20 所示。

图 1.20 "图形另存为"对话框

在绘制图形时，可以设置自动定时保存图形文件。在菜单栏中选择"工具"→"选项"命令，在弹出的"选项"对话框中选择"打开和保存"选项卡，在"文件安全措施"栏中勾选"自动保存"复选框，然后在"保存间隔分钟数"文本框中输入定时保存的时间（单位为分钟），如图 1.21 所示。

图 1.21 定时保存图形文件的设置

（四）输出文件

如要将 AutoCAD 文件以其他文件格式保存，必须输出图形文件。AutoCAD 可以输出多种格式的图形文件，其操作有以下几种方式：

（1）单击"应用程序"按钮 **A**，在弹出列表中选择"输出"选项。

（2）在菜单栏中单击"文件"→"输出"命令。

（3）在命令行输入"EXPORT"命令并按"Enter"键。

执行上述命令后，系统会弹出"输出数据"对话框，在该对话框中的"文件类型"下拉列表中可以选择相应的输出图形文件格式，如图 1.22 所示。

图 1.22　"输出数据"对话框

（五）关闭文件

执行关闭文件的常用方法如下：

（1）单击"应用程序"按钮 **A**，在弹出列表中选择"关闭"选项。

（2）在菜单栏中单击"文件"→"关闭"命令。

（3）单击文件窗口上的"关闭"按钮 **✕**。注意不是软件窗口的"关闭"按钮，否则会退出软件。

（4）单击文件标签栏上的"关闭"按钮 Drawing1* 。

（5）使用快捷方式"Ctrl+F4"。

（6）在命令行输入"CLOSE"命令并按"Enter"键。

第二节　AutoCAD 2018 的绘图准备

一、AutoCAD 坐标系与坐标

（一）坐标系

AutoCAD 采用两种坐标系，即世界坐标系（WCS）和用户坐标系（UCS）。通常，AutoCAD 构造新图形时将默认使用 WCS。虽然 WCS 不能更改，但可以从任意角度和方向观察或旋转图形。

相对于世界坐标系，用户还可以根据需要创建坐标系，称为用户坐标系（UCS，User Coordinate System）。

用户要改变坐标系的位置，首先要在命令行输入"UCS"命令，此时使用光标确定新的位置，然后按"Enter"键即可。若要将用户坐标系改为世界坐标系，在命令行中输入"UCS"命令，然后再点击"世界(W)"选项即可。

（二）坐标

AutoCAD 中，点的坐标可以用直角坐标、极坐标、球坐标和柱坐标表示，每一种坐标具有两种输入方式，即绝对坐标和相对坐标。其中最为常用的是直角坐标和极坐标。

1. 直角坐标

直角坐标用一对坐标值"x,y"来定义一个点。

例如，在命令行中输入点的坐标为"18,15"，表示该点的坐标是相对于当前坐标原点的坐标值。

2. 极坐标

极坐标是用长度和角度表示的坐标，是只能用来表示二维点的坐标。极坐标的输入方式为"长度<角度"。

例如极坐标"20<50"，其中"20"表示该点到坐标原点的距离为 20，"50"表示该点与原点的连线与 X 轴正向的夹角为 50°。

3. 相对直角坐标

用相对直角坐标定义点，其输入形式为"@x,y"。其中 x 和 y 值表示该点相对于前一点的坐标值。

例如，某一直线的起点坐标为"5,5"，确定终点坐标时输入"@5,0"，则终点的绝对坐标为"10,5"。

4. 相对极坐标

用相对极坐标定义点，其输入形式为"@长度<角度"。其中"长度"为该点到前一点的距离，"角度"为该点至前一点的连线与 X 轴正向的夹角。

例如，某一直线的起点坐标为"5,5"、终点坐标为"10,5"，则终点相对于起点的相对极坐标为"@5<0"。

二、基本绘图环境

为了提高绘图效率，在绘图之前首先应该对绘图环境进行设置，以确定适合用户绘图习惯的操作环境。

（一）设置图形界限

AutoCAD 的绘图区域是无限大的，但由于现实中用于打印图形的图纸均有有限的尺寸，为了使图形符合图纸大小，需要设置图形界限，用户可通过以下两种方式调用命令：

（1）菜单栏：选择"格式"→"图形界限"命令。

（2）命令行：在命令行输入"LIMITS"并按下"Enter"键。

执行命令后，命令行将提示设置左下角点和右上角点的坐标。例如要设置横向 A4 图纸幅面大小的图形界限，操作及提示如图 1.23 所示。

```
命令: '_limits
重新设置模型空间界限:
指定左下角点或 [开(ON)/关(OFF)] <0.0000,0.0000>: 0,0
指定右上角点 <420.0000,297.0000>: 297,210
```

图 1.23　设置绘图界限操作提示

（二）设置图形单位

用户可以采用 1：1 的比例绘图，也可以指定单位的显示格式，一般包括对长度单位和角度单位的设置。用户可通过以下两种方式调用命令：

（1）菜单栏：选择"格式"→"单位"命令。

（2）命令行：在命令行输入"UNITS"并按下"Enter"键。

执行命令后，弹出如图 1.24 所示的"图形单位"对话框。该对话框用于定义长度和角度格式。

①"长度"与"角度"指长度与角度的当前单位和单位精度。

②"插入时的缩放单位"指控制插入到当前图形中的块和图形的测量单位。如果块或图形创建时使用的单位与该选项指定的单位不同，则在插入块或图形时，将对其按比例缩放。如果插入块时不按指定单位缩放，则选择"无单位"。

③ 点击"方向"按钮将弹出"方向控制"对话框，如图 1.25 所示。可以在该对话框中进行方向控制设置。

图 1.24　"图形单位"对话框

图 1.25　"方向控制"对话框

三、图层的设置与管理

绘制图形之前，需要清楚认识图层的含义与作用。图层就像若干张透明的图纸，用户可以通过编辑图层在不同图层中绘制不同的对象。

（一）新建图层

AutoCAD 默认只有"0"图层，该图层不能被删除或重命名，但是用户可以对该图层的颜色、线型等相关属性进行设定。在绘图过程中，如果要使用更多图层来绘制图形，那么需要新建图层。调用"图层特性管理器"的方法如下：

（1）在菜单栏选择"格式"→"图层"命令。

（2）单击"默认"选项卡的"图层"面板中的"图层特性"按钮。

（3）在命令行输入"LAYER"或"LA"并按"Enter"键。

执行以上操作后，系统弹出"图层特性管理器"对话框，如图 1.26 所示。在该对话框中单击"新建图层"按钮，在图层列表中将出现一个名为"图层 1"的新图层，用户可通过单击该图层修改图层名。

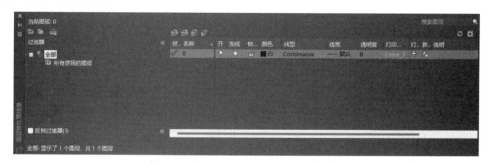

图 1.26 "图层特性管理器"对话框

（二）当前图层设置

在"图层特性管理器"对话框中选择一个图层，单击"置为当前"按钮，该图层前将显示标记，该图层则被设置为当前图层，如图 1.27 所示。

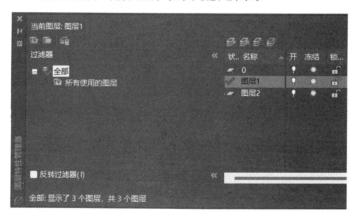

图 1.27 设置当前图层

（三）删除图层

在"图层特性管理器"对话框中选择需要删除的图层，然后点击"删除图层"按钮 ![img] 或按"Alt+D"组合键即可删除图层。

（四）设置图层特性

1. 颜色设置

图层的颜色指图层中图形对象的颜色，用户可通过以下方法设置图层的颜色：

（1）在"图层特性管理器"面板单击相应图层的"颜色"，可弹出"选择颜色"对话框，按需要选择颜色即可，如图 1.28 所示。

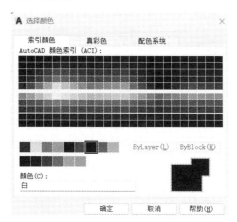

图 1.28　设置图层颜色

（2）在命令行输入"COLOR"或"COL"命令并按"Enter"键。

2. 线型设置

在 AutoCAD 中，线型指图形基本元素中线条的组成和显示方式，如虚线、实线、点划线等。用户可通过以下方法设置图层的线型：

（1）单击"默认"选项卡下"特性"面板中的"线型"按钮。

（2）在命令行输入"LINETYPE"或"LT"命令并按"Enter"键。

启动命令后，在"图层特性管理器"面板中单击相应图层的"线型"，系统会弹出"选择线型"对话框，从中选择相应的线型即可，如图 1.29 所示。

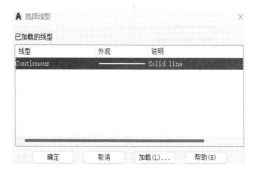

图 1.29　"选择线型"对话框

在"选择线型"对话框中单击"加载"按钮即可弹出"加载或重载线型"对话框，通过该对话框可以将更多的线型加载到"选择线型"对话框中，如图 1.30 所示。

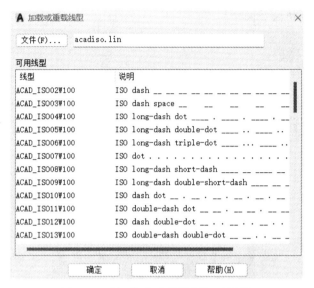

图 1.30 "加载或重载线型"对话框

3. 线宽设置

用户在绘制图形过程中，为了更直观地区分对象，需要设置不同的线宽。可以通过以下方式开启"线宽"命令：

（1）命令行输入"LWEIGHT"或"LW"命令并按"Enter"键。

（2）单击"默认"选项卡的"特性"面板中的"线宽"按钮。

启动命令后，在"图层特性管理器"对话框中某个图层的"线宽"列中单击，可弹出"线宽"对话框，从中选择相应的线宽即可，如图 1.31 所示。

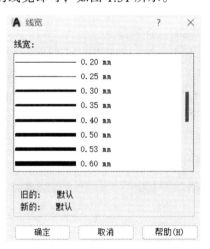

图 1.31 "线宽"对话框

设置了线宽后，需要在状态栏中开启"显示/隐藏线宽"按钮，这样才能在视图中显示出所设置的线宽。

4. 图层打印设置

打印样式可以应用于对象或图层。用户可通过更改图层的打印样式来替换对象的颜色、线型和线宽，从而修改打印图形的外观。

在"图层特性管理器"对话框中，点击相应图层的"打印"按钮 ，此时将变成"不打印"按钮 。若再次单击该按钮，则其又还原为"打印"按钮。

除以上内容，用户还可通过"图层特性管理器"对话框设置图层状态，例如图层的开或关、冻结或解冻、锁定或解锁，如图 1.32 所示。

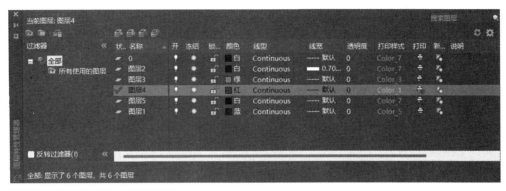

图 1.32　图层打印及状态设置

四、系统参数配置

（一）显示配置

在命令行输入"OP"命令并按下"Enter"键，将弹出"选项"对话框，单击"显示"选项卡，即可对绘图工作界面的窗口元素、显示精度、显示性能等进行设置，如图 1.33 所示。

图 1.33　"显示"选项卡

在"显示"选项卡中，各选项组的含义如下：

1.“窗口元素”选项组

该选项组设置绘图工作界面各窗口元素的显示样式，部分内容如下：

（1）“在图形窗口中显示滚动条”复选框：用于确定是否在绘图工作界面上显示滚动条，勾选则显示，否则不显示。

（2）“颜色”按钮：设置 AutoCAD 工作界面中各窗口元素的颜色，如命令行背景颜色、命令行文字颜色等。单击该按钮，AutoCAD 会弹出“图形窗口颜色”对话框，如图 1.34 所示。

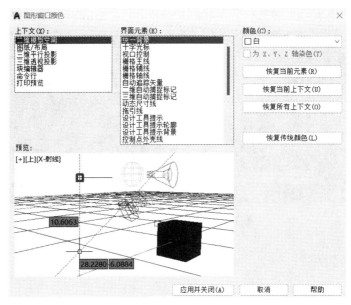

图 1.34 “图形窗口颜色”对话框

（3）“字体”按钮：设置命令行的字体。单击此按钮，将弹出“命令行窗口字体”对话框，利用此对话框可设置命令行的字体、字形、字号等，如图 1.35 所示。

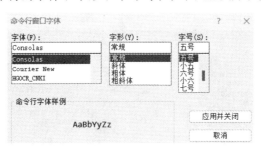

图 1.35 “命令行窗口字体”对话框

2.“布局元素”选项组

该选项组设置布局中的有关元素，包括是否显示布局和模型选项卡、是否显示可打印区域、是否显示图纸背景、是否在新布局中创建视口等。

3.“显示精度”选项组

该选项组控制对象的显示效果。

（1）“圆弧和圆的平滑度”文本框：用于控制圆、圆弧、椭圆、椭圆弧的平滑度，有效取值范围是 1～20 000，默认值为 100。此值越大，所显示的图形对象越光滑，AutoCAD 实现重新生成、显示缩放、显示移动的用时就越长。

（2）"每条多段线曲线的线段数"文本框：设置每条多段线曲线的线段数，有效取值范围是 –32 767～32 767，默认值为 8。

（3）"渲染对象的平滑度"文本框：确定实体对象着色或渲染时的平滑度，有效取值范围是 0.01～10.00，默认值是 0.5。

（4）"每个曲面的轮廓素线"文本框：确定对象上每个曲面的轮廓素线数，有效取值范围是 0～2 047，默认值为 4。

4."显示性能"选项组

该选项组控制影响 AutoCAD 性能的显示设置。限于篇幅，该选项组中各参数的含义在此不再详述。

5."十字光标大小"选项组

该选项组确定光标十字线的长度。该长度用绘图区域宽度的百分比表示，有效取值范围是 0～100，可直接在文本框中输入具体数值，也可通过拖动滑动块进行调整。

6."淡入度控制"选项组

该选项组确定外部参照显示、在位编辑和注释性表达的淡入度效果。

（二）系统配置

在"选项"对话框的"系统"选项卡中，可设定 AutoCAD 的一些系统参数，如图 1.36 所示。在"系统"选项卡中，各主要选项的含义如下：

图 1.36　"系统"选项卡

1."硬件加速"选项组

该选项组确定与三维图形显示系统的系统特性和配置有关的设置。

单击"图形性能"按钮，将弹出如图 1.37 所示的"图形性能"对话框，用户可利用此对话框进行相应的配置。

图 1.37 "图形性能"对话框

2. "当前定点设备"选项组

该选项组确定与定点设备有关的选项。选项组中的下拉列表中列出了当前可以使用的定点设备，用户可根据需要选择。

3. "常规选项"选项组

该选项组控制与系统设置有关的基本选项。限于篇幅，该选项组各参数的含义在此不再详述。

（三）系统绘图

"选项"对话框中的"绘图"选项卡用于进行自动捕捉设置等，如图 1.38 所示。在"绘图"选项卡中，各主要选项的含义如下：

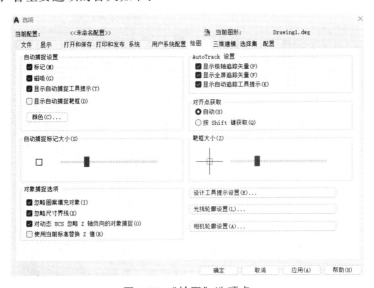

图 1.38 "绘图"选项卡

1. "自动捕捉设置"选项组

该选项组控制与自动捕捉有关的一些设置。限于篇幅，该选项组各参数的含义在此不再详述。

2. "自动捕捉标记大小"滑动块

该选项组确定自动捕捉时的自动捕捉标记的大小，可通过相应的滑动块进行调整。

3. "AutoTrack 设置"选项组

该选项组控制与极轴追踪有关的设置。

4. "对齐点获取"选项组

该选项组确定启用对象捕捉追踪功能后，AutoCAD 是自动进行追踪，还是按"Shift"键后再进行追踪。

5. "靶框大小"滑动块

该滑动块确定靶框大小，通过移动滑动块的方式进行调整。

（四）系统选择集

"选项"对话框中的"选择集"选项卡用于进行选择集模式、夹点尺寸等设置，如图 1.39 所示。在"选择集"选项卡中，各主要选项的含义如下：

图 1.39 "选择集"选项卡

1. "拾取框大小"滑动块

该滑动块确定拾取框的大小，通过移动滑动块的方式调整。

2. "选择集模式"选项组

该选项集确定构成选择集的可用模式。限于篇幅，该选项组各参数的含义在此不再详述。

3．"夹点尺寸"滑动块

该滑动块确定夹点的大小，通过移动滑动块的方式调整。

4．"夹点"选项组

该选项组确定与采用"夹点"功能进行编辑操作有关的设置。

5．"夹点颜色"按钮

单击该按钮，将弹出"夹点颜色"对话框，从中可以设置夹点在不同状态下的颜色，如图 1.40 所示。

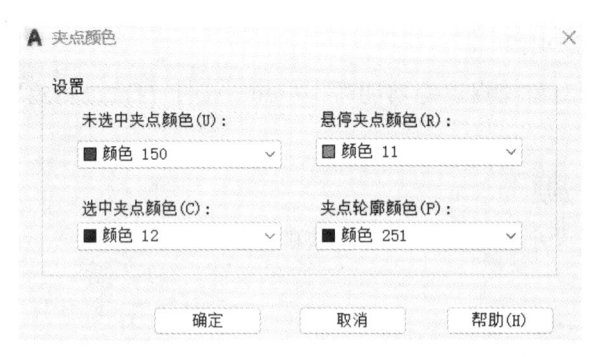

图 1.40　"夹点颜色"对话框

6．"显示夹点"复选框

该复选框用来确定用户选择图形对象时是否显示夹点符号。

（1）"在块中显示夹点"复选框。如果勾选此复选框，则用户在选择块中的各对象时均显示对象本身的夹点，否则只将插入点作为夹点显示。

（2）"显示夹点提示"复选框。当用户在选择对象的某个夹点时，该复选框用来决定是否显示其夹点的提示功能。

（3）"显示动态夹点菜单"复选框。当用户在选择对象的某个夹点时，该复选框用来决定是否显示动态夹点菜单功能。

（4）"允许按 Ctrl 键循环改变对象编辑方式行为"复选框。该复选框确定是否可按"Ctrl"键来改变对象的编辑方式。

（5）"对组显示单个夹点"复选框。该复选框确定是否显示对象组的单个夹点。

（6）"对组显示边界框"复选框。该复选框确定是否围绕编组对象的范围显示边界框。

第三节　二维图形的绘制

在 AutoCAD 2018 中，使用"绘图"菜单中的命令，不仅可以绘制点、直线、圆、圆弧、多边形和圆环等基本二维图形，还可绘制多线、多段线和样条曲线等高级图形对象。二维图形的绘制命令是整个 AutoCAD 的绘图基础，要绘制复杂的二维图形，就必须熟练掌握基本的绘图命令。

一、点类命令

（一）点位置的确定方式

在绘图过程中常需要确认点的位置，用户可通过以下几种方式确认点的位置：

（1）直接在命令行中输入点的坐标，如直角坐标、极坐标、相对直角坐标、相对极坐标等。

（2）通过十字光标在绘图区直接取点。

（3）用目标捕捉方式捕捉已有图形上的特殊点，如端点、圆心、中心点、象限点、交点、切点等。

（4）直接输入距离。先拖出直线以确定方向，然后用键盘输入距离，这样有助于精确控制对象的长度。

（二）设置点样式

使用命令绘制点时，一般要先设置点的样式和大小。用户可以通过以下几种方法设置点样式。

（1）在命令行输入"DDPTYPE"命令。

（2）在"默认"选项卡下的"实用工具"面板中单击"点样式"按钮 。

（3）在"格式"菜单栏的下拉列表中单击"点样式"按钮 。

执行"点样式"命令后，将弹出"点样式"对话框，如图 1.41 所示。此对话框提供了 20 种点的样式图标，而且可在"点大小"文本框中设置点的大小。

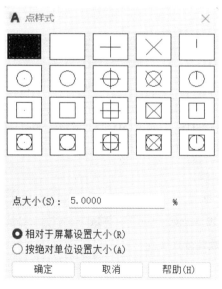

图 1.41 "点样式"对话框

（三）绘制点的命令

1. 单点和多点

调用"单点"或"多点"命令，一次只能绘制一个点对象。主要有以下方式：

（1）在命令行输入"POINT"或"PO"命令并按下"Enter"键。

（2）在菜单栏选择"绘图"→"点"命令，如图 1.42 所示。"单点"命令表示只能输入一个点，"多点"命令表示可输入多个点。

图 1.42　利用菜单栏调用"点"命令

（3）在"默认"选项卡中单击"绘图"面板中的"多点"按钮。

2. 定数等分点

使用"定数等分"命令可以在某一线段或曲线上按指定的数目创建点或插入块，用户可通过以下方式调用"定数等分"命令。

（1）在菜单栏选择"绘图"→"点"→"定数等分"命令。

（2）单击"绘图"面板中的"定数等分"按钮。

（3）在命令行中输入"DIVIDE"或"DIV"并按下"Enter"键。

例如，将长度为 400 单位的线段等分为 8 份，如图 1.43 所示。命令提示与操作如图 1.44 所示。

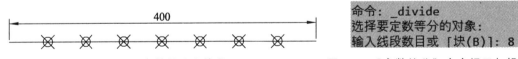

图 1.43　定数等分直线段　　　　　图 1.44　"定数等分"命令提示与操作

3. 定距等分点

使用"定距等分"命令可以在某一线段或曲线上按指定的等分距离创建点或插入块，用户可通过以下方式调用"定距等分"命令。

（1）在菜单栏选择"绘图"→"点"→"定距等分"命令。

（2）单击"绘图"面板中的"定距等分"按钮。

（3）在命令行中输入"MEASRE"或"ME"并按下"Enter"键。

例如，将长度为 350 单位的线段按照 60 单位进行等分，如图 1.45 所示。命令提示与操作如图 1.46 所示。

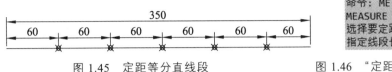

图 1.45　定距等分直线段

```
命令：ME
MEASURE
选择要定距等分的对象：
指定线段长度或 [块(B)]：60
```

图 1.46　“定距等分”命令提示与操作

二、线类命令

（一）直线

“直线”命令用来创建一条或者多条邻接的直线段，是最简单的直线绘制命令。用户可通过以下几种方式调用“直线”命令。

（1）选择菜单栏的“绘图”→“直线”命令。

（2）在功能区中选择“默认”选项卡的“绘图”面板中的“直线”按钮。

（3）在命令行输入“LINE”或“L”命令并按下“Enter”键。

执行“直线”命令后，命令提示与操作如图 1.47 所示。其中各选项的提示如下：

① 指定第一个点：要求用户指定线段的起点。

② 指定下一点：要求用户指定线段的下一点。

③ 放弃（U）：输入“U”并按“Enter”确定，则最后绘制的线段将被取消。

④ 闭合（C）：绘制多条线段后，输入“C”并按下“Enter”确定，则最后一个端点将与第一条线段的起点重合，从而形成一个闭合图形。

```
LINE
指定第一个点：
指定下一点或 [放弃(U)]：
指定下一点或 [放弃(U)]：
指定下一点或 [闭合(C)/放弃(U)]：
指定下一点或 [闭合(C)/放弃(U)]：
指定下一点或 [闭合(C)/放弃(U)]：*取消*
```

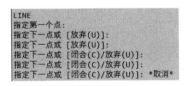

图 1.47　“直线”命令提示与操作

（二）射线

射线为一端固定，另一端无限延伸的直线。在 AutoCAD 中，射线主要用于绘制辅助线。用户可通过以下几种方式调用“射线”命令。

（1）选择菜单栏的“绘图”→“射线”命令。

（2）在功能区中选择“默认”选项卡的“绘图”面板中的“射线”按钮。

（3）在命令行输入“RAY”命令并按下“Enter”键。

执行“射线”命令后，命令提示与操作如图 1.48 所示。

```
命令：_ray 指定起点：
指定通过点：
指定通过点：
指定通过点：
指定通过点：
指定通过点：*取消*
```

图 1.48　“射线”命令提示与操作

调用“射线”命令并指定射线的起点后，可在“指定通过点”提示下指定多个通过点，即可绘制出端点为同一点的多条射线，直到按下“Esc”键结束命令为止。

（三）构造线

构造线是指两端无限延伸的直线，没有起点和终点。构造线常用来模拟绘制辅助线，例如中轴线等。用户可通过以下几种方式调用"构造线"命令。

（1）选择菜单栏的"绘图"→"构造线"命令。

（2）在功能区中选择"默认"选项卡的"绘图"面板中的"构造线"按钮▉。

（3）在命令行输入"XLINE"或"XL"命令并按下"Enter"键。

执行"构造线"命令后，命令提示与操作如图 1.49 所示。其中各选项的提示如下：

```
命令: _xline
指定点或 [水平(H)/垂直(V)/角度(A)/二等分(B)/偏移(O)]:
指定通过点:
指定通过点:
指定通过点:
指定通过点: *取消*
```

图 1.49　"构造线"命令提示与操作

① 指定点：指定构造线通过的一点，通过两点确定一条构造线。

② 水平（H）：绘制一条通过指定点的水平参照线。

③ 垂直（V）：绘制一条通过指定点的竖直参照线。

④ 角度（A）：用指定的角度创建一条参照线。

⑤ 二等分（B）：绘制某个角的角平分线。

⑥ 偏移（O）：创建平行于另一对象的参照线。

（四）多线

多线是一种由多条平行线组合而成的复合线，平行线的数量和平行线之间的距离可以根据用户需要进行调整。多线可以提高绘图效率，保证图线之间的统一性，一般用于绘制电子线路图、建筑墙体、道路以及管道线等。用户可通过以下几种方式调用"多线"命令。

（1）选择菜单栏的"绘图"→"多线"命令。

（2）在命令行输入"MLINE"或"ML"命令并按下"Enter"键。

执行"多线"命令后，命令提示与操作如图 1.50 所示。其中各选项的提示如下：

```
命令: _mline
当前设置: 对正 = 上, 比例 = 20.00, 样式 = STANDARD
指定起点或 [对正(J)/比例(S)/样式(ST)]:
指定下一点:
指定下一点或 [放弃(U)]:
指定下一点或 [闭合(C)/放弃(U)]:
```

图 1.50　"多线"命令提示与操作

① 对正（J）：用于指定绘制多线时的对正方式。共有 3 种对正方式："上（T）"是指当从左往右绘制多线时，多线上最上端的线会随着十字光标移动；"无（Z）"是指多线的中心将随十字光标移动；"下（B）"是指当从左往右绘制多线时，多线上最下端的线会随着十字光标移动。

② 比例（S）：选择该项，要求用户设置平行线的间距。可输入 0、正值或负值。输入值为 0 时平行线重合，输入值为负时多线的排列将倒置。

③ 样式（ST）：用于设置当前使用的多线样式。默认的样式为标准型（Standard），用户可根据提示输入所需的多线样式名。

（五）多段线

多段线用来绘制多段等宽或者不等宽的直线和圆弧。在 AutoCAD 中，经常使用"多段线"命令绘制箭头等图形。用户可通过以下几种方式调用"多段线"命令。

（1）选择菜单栏的"绘图"→"多段线"命令。

（2）在功能区中选择"默认"选项卡的"绘图"面板中的"多段线"按钮。

（3）在命令行输入"PLINE"或"PL"命令并按下"Enter"键。

执行"多段线"命令后，命令提示与操作如图 1.51 所示。其中各选项的提示如下：

```
命令: _pline
指定起点:
当前线宽为 0.0000
指定下一个点或 [圆弧(A)/半宽(H)/长度(L)/放弃(U)/宽度(W)]:
指定下一点或 [圆弧(A)/闭合(C)/半宽(H)/长度(L)/放弃(U)/宽度(W)]:
```

图 1.51　"多段线"命令提示与操作

① 圆弧（A）：从绘制直线方式切换到绘制圆弧方式。

② 半宽（H）：设置多段线宽度的一半值，用户可以分别指定多段线起点半宽和终点半宽。

③ 长度（L）：指定绘制直线段的长度。

④ 放弃（U）：删除多段线的前一段对象，用户可以及时修改在绘制多段线过程中出现的错误。

⑤ 宽度（W）：设置多段线的宽度。用户可以分别指定对象起点宽度和终点宽度。具有宽度的多段线填充与否可以通过 FILL 命令进行设置。

⑥ 闭合（C）：终点与起点闭合，并结束命令。

（六）样条曲线

样条曲线是用于绘制曲线的一种命令，其平滑度比圆弧更好，是一种通过或者接近指定点的拟合曲线。用户可通过以下几种方式调用"样条曲线"命令。

（1）选择菜单栏的"绘图"→"样条曲线"命令。

（2）在功能区中选择"默认"选项卡的"绘图"面板中的"样条曲线拟合"按钮或者"样条曲线控制点"按钮。

（3）在命令行输入"SPLINE"或"SPL"命令并按下"Enter"键。

执行"样条曲线"命令后，命令行提示与操作如图 1.52 所示。其中各选项的提示如下：

```
命令: SPL
SPLINE
当前设置: 方式=拟合   节点=弦
指定第一个点或 [方式(M)/节点(K)/对象(O)]:
输入下一个点或 [起点切向(T)/公差(L)]:
输入下一个点或 [端点相切(T)/公差(L)/放弃(U)]:
输入下一个点或 [端点相切(T)/公差(L)/放弃(U)/闭合(C)]:
```

图 1.52　"样条曲线"命令提示与操作

① 方式（M）：该选项可以选择样条曲线是作为拟合点还是作为控制点。

② 节点（K）：选择该选项后，其命令行提示为"输入节点参数化[弦（C）/平方根（S）/统一（U）]:"，从而根据相关方式来调整样条曲线的节点。

③ 对象（O）：将由一条多段线拟合生成样条曲线。

三、圆类命令

（一）圆弧

"圆弧"命令可根据圆弧的圆心、起点、终点、长度、角度等参数中的某几个绘制圆弧。用户可通过以下几种方式调用"圆弧"命令。

（1）选择菜单栏的"绘图"→"圆弧"命令。

（2）在功能区中选择"默认"选项卡的"绘图"面板中的"圆弧"按钮 ◾。

（3）在命令行输入"ARC"或"A"命令并按下"Enter"键。

执行"圆弧"命令后，在下拉列表中，提供了多种绘制圆弧的方式，如图 1.53 所示。下面对各方式进行说明。

① 三点（P）：给定 3 个点绘制一段圆弧，需要指定圆弧的起点、通过的第二个点和端点。

② 起点、圆心、端点（S）：指定圆弧的起点、圆心和端点来绘制圆弧。

③ 起点、圆心、角度（T）：指定圆弧的起点、圆心和角度来绘制圆弧，应在"指定包含角:"提示下输入角度值。如果当前环境设置逆时针为角度方向，并输入正角度值，则所绘制的圆弧是从起点绕圆心沿逆时针方向得出的；如果输入负角度值，则沿顺时针方向绘制圆弧。

④ 起点、圆心、长度（A）：指定圆弧的起点、圆心和长度来绘制圆弧，此时所给的弦长不得超过起点到圆心距离的两倍。另外，在命令行的"指定弦长"提示下，如果所输入的值是负值，则该值的绝对值将作为对应整圆的空缺部分圆弧的弦长。

⑤ 起点、端点、角度（N）：指定圆弧的起点、端点和角度来绘制圆弧。

	三点(P)
	起点、圆心、端点(S)
	起点、圆心、角度(T)
	起点、圆心、长度(A)
	起点、端点、角度(N)
	起点、端点、方向(D)
	起点、端点、半径(R)
	圆心、起点、端点(C)
	圆心、起点、角度(E)
	圆心、起点、长度(L)
	继续(O)

图 1.53 "圆弧"命令的下拉列表

⑥ 起点、端点、方向（D）：指定圆弧的起点、端点和方向来绘制圆弧。当命令行显示"指定圆弧的起点切向:"提示时，可以移动鼠标指针动态地确定圆弧在起点外的切线方向与水平方向的夹角。

⑦ 起点、端点、半径（R）：指定起点、端点和半径来绘制圆弧。

⑧ 圆心、起点、端点（C）：指定圆心、起点和端点来绘制圆弧。

⑨ 圆心、起点、角度（E）：指定圆心、起点和圆弧所对应的角度来绘制圆弧。

⑩ 圆心、起点、长度（L）：指定圆心、起点和圆弧所对应的长度来绘制圆弧。

⑪ 选择"继续"命令时，在命令行提示"指定圆弧的起点[圆心（C）]:"时，直接按"Enter"

键，系统将以最后一次绘制线段或圆弧过程中的最后一点作为新圆弧的起点，以最后绘制的线段的方向或圆弧终止点处的切线方向作为新圆弧在起始点处的切线方向，再指定一点，就可以绘制出一个新的圆弧。

（二）圆

利用"圆"命令可绘制任意大小的圆形，可以通过指定圆心、半径、直径、圆周上或其他对象上的点绘制不同的圆。用户可通过以下几种方式调用"圆"命令。

（1）选择菜单栏的"绘图"→"圆"命令。

（2）在功能区中选择"默认"选项卡的"绘图"面板中的"圆"按钮。

（3）在命令行输入"CIRCLE"或"C"命令并按下"Enter"键。

执行"圆"命令后，在下拉列表中，提供了多种绘制圆的方式，如图 1.54 所示。对各方式说明如下：

① 圆心、半径：指定圆的圆心和半径绘制圆。

② 圆心、直径：指定圆的圆心和直径绘制圆。

③ 两点：指定两个点，并以两个点之间的距离为直径来绘制圆。

④ 三点：指定通过圆周的 3 个点来绘制圆。

⑤ 相切、相切、半径：与已知的两个对象相切，并输入半径来绘制圆。在绘制时，需先指定与圆相切的两个对象，然后指定圆的半径。系统总是在距拾取点最近的部位绘制相切的圆。因此，拾取相切对象时，拾取的位置不同，得到的结果有可能也不相同。

⑥ 相切、相切、相切：依次指定与圆相切的 3 个对象来绘制圆。

图 1.54　"圆"命令的下拉列表

（三）圆环

圆环命令能创建实心的圆与环。该命令需要被指定内径、外径和圆心。通过指定不同的圆心，可以一次连续创建具有相同直径的多个对象。通过将内径设置为 0，可以创建实心圆环。用户可通过以下几种方式调用"圆环"命令。

（1）选择菜单栏的"绘图"→"圆环"命令。

（2）在功能区中选择"默认"选项卡的"绘图"面板中的"圆环"按钮。

（3）在命令行输入"DONUT"或"DO"命令并按下"Enter"键。

执行"圆环"命令后，命令提示与操作如图 1.55 所示。

```
命令: DO
DONUT
指定圆环的内径 <0.5000>:
指定圆环的外径 <1.0000>:
指定圆环的中心点或 <退出>:
```

图 1.55　"圆环"命令的提示与操作

使用系统变量"FILL"命令可以控制绘制的圆环填充与否。调用"FILL"命令后，输入"ON"表示填充，输入"OFF"表示不填充。填充与不填充的圆环效果如图 1.56（a）、（b）所示。

 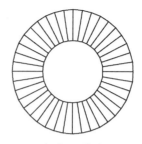

（a）填充　　　　　　　　　　（b）不填充

图 1.56　填充与不填充的圆环比较

（四）椭圆与椭圆弧

椭圆由定义其长度和宽度的两条轴决定。在 AutoCAD 中，椭圆和椭圆弧的命令都是"ELLIPSE"，但命令行的提示不同。用户可通过以下几种方式调用"椭圆"命令。

（1）选择菜单栏的"绘图"→"椭圆"命令。

（2）在功能区中选择"默认"选项卡的"绘图"面板中的"椭圆"按钮。

（3）在命令行输入"ELLIPSE"或"EL"命令并按下"Enter"键。

执行"椭圆"命令后，命令提示与操作如图 1.57 所示。"椭圆"下拉列表中有 3 种绘制椭圆的方法，如图 1.58 所示，说明如下：

```
命令: EL
ELLIPSE
指定椭圆的轴端点或 [圆弧(A)/中心点(C)]:
指定轴的另一个端点:
指定另一条半轴长度或 [旋转(R)]:
```

图 1.57　"椭圆"命令提示与操作

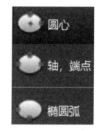

图 1.58　"椭圆"下拉列表

① 圆心：表示先指定椭圆的中心点，再指定椭圆的两个轴端点来绘制椭圆。

② 轴、端点：表示先指定一条轴的两个端点，再指定另一条轴的端点来绘制椭圆。

③ 椭圆弧：当直接单击"椭圆弧"按钮时，可直接绘制椭圆弧。

四、平面图形

（一）多边形

在 AutoCAD 2018 中，多边形是由 3 ~ 1 024 条等长的线段构成的封闭图形，默认多边形的边数为 4。用户可通过以下几种方式调用"多边形"命令。

（1）选择菜单栏的"绘图"→"多边形"命令。

（2）在功能区中选择"默认"选项卡的"绘图"面板中的"多边形"按钮 。

（3）在命令行输入"POLYGON"或"POL"命令并按下"Enter"键。

执行"多边形"命令后，命令提示与操作如图 1.59 所示。说明如下：

```
命令：POL
POLYGON 输入侧面数 <4>:
指定正多边形的中心点或 [边(E)]:
输入选项 [内接于圆(I)/外切于圆(C)] <I>:
指定圆的半径：
```

图 1.59　"多边形"命令提示与操作

① 输入侧面数：输入要绘制的正多边形的边数。

② 指定正多边形的中心点或[边(E)]：指定某一点作为多边形的中心点，或输入"E"后通过两点确定其中一条边长，从而绘制正多边形。

③ 内接于圆（I）：指定以正多边形内接圆的半径为边长绘制正多边形。

④ 外切于圆（C）：指定以正多边形外切圆的半径为边长绘制正多边形。

（二）矩形

"矩形"命令可绘制一般矩形、倒角矩形、圆角矩形、有厚度的矩形等多种矩形。用户可通过以下几种方式调用"矩形"命令。

（1）选择菜单栏的"绘图"→"矩形"命令。

（2）在功能区中选择"默认"选项卡的"绘图"面板中的"矩形"按钮　矩形。

（3）在命令行输入"RECTANG"或"REC"命令并按下"Enter"键。

执行"矩形"命令后，命令提示与操作如图 1.60 所示。默认情况下，通过指定两个对角点来绘制矩形，如图 1.61（a）所示。也可以选择其他选项绘制矩形，其他选项的功能说明如下：

① 倒角（C）：指定倒角距离，绘制带倒角的矩形，如图 1.61（b）所示。每一个角点的逆时针和顺时针方向的倒角可以相同，也可以不同，其中第一个倒角距离是指角点逆时针方向的倒角距离，第二个倒角距离是指角点顺时针方向的倒角距离。

② 标高（E）：指定矩形标高（Z 坐标），即把矩形绘制在标高为 Z、与 XOY 面平行的平面上，并将其作为后续矩形的标高值。

③ 圆角（F）：指定圆角半径，绘制带圆角的矩形，如图 1.61（c）所示。

④ 厚度（T）：指定矩形的厚度，如图 1.61（d）所示。

⑤ 宽度（W）：指定线宽，如图 1.61（e）所示。

⑥ 尺寸（D）：使用长和宽创建矩形。

⑦ 面积（A）：通过指定面积来确定矩形的长和宽。

⑧ 旋转（R）：通过指定矩形旋转的角度来绘制矩形。

```
命令：REC
RECTANG
指定第一个角点或 [倒角(C)/标高(E)/圆角(F)/厚度(T)/宽度(W)]:
指定另一个角点或 [面积(A)/尺寸(D)/旋转(R)]:
```

图 1.60　"矩形"命令的执行与操作

（a）　　　　　（b）　　　　　（c）　　　　　（d）　　　　　（e）

图 1.61　绘制矩形

五、图案填充

图案填充是指以图案、纯色或渐变色对现有对象或封闭区域进行填充。另外，用户也可以创建新的图案用于对象填充。

（一）基本概念

1. 图案边界

当进行图案填充时，先要确定填充的边界。定义边界的对象只能是直线、双向射线、单向射线、多段线、样条曲线、圆弧、圆、椭圆、椭圆弧、面域等对象或用这些对象定义的块，而且作为边界的对象在当前图上必须全部可见。

2. 孤岛

在进行图案填充时，把位于总填充区域内的封闭区称为孤岛。在使用"BHATCH"命令填充时，AutoCAD 系统允许用户在要填充的区域内任意拾取一点，系统会自动确定出填充边界，同时也确定该边界内的孤岛。如果用户以选择对象的方式确定填充边界，则必须确定地选取这些孤岛。

3. 填充方式

AutoCAD 2018 在进行图案填充时，需要控制填充的范围。AutoCAD 系统为用户设置了以下 3 种填充方式以实现对填充范围的控制。

（1）普通方式：该方式从边界开始，由每条填充线或每个填充符号的两端向里画，遇到内部对象与之相交时，填充线或符号断开，直到遇到下一次相交时再继续绘制。采用这种方式时，要避免剖面线或符号与内部对象的相交次数为奇数。该方式为系统内部的默认方式，如图 1.62（a）所示。

（2）最外层方式：该方式从边界向里绘制剖面符号，只要在边界内部与对象相交，剖面符号由此断开，而不再继续画，如图 1.62（b）所示。

（3）忽略方式：该方式忽略边界内的对象，所有内部结构都被剖面符号覆盖，如图 1.62（c）所示。

　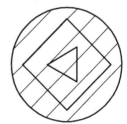

（a）普通方式　　　　　（b）最外层方式　　　　　（c）忽略方式

图 1.62　填充方式

用户可通过以下几种方式调用"图案填充"命令：

（1）选择菜单栏的"绘图"→"图案填充"命令。

（2）在功能区中选择"默认"选项卡的"绘图"面板中的"图案填充"按钮▦。

（3）在命令行输入"BHATCH"或"BH"命令并按下"Enter"键。

执行"图案填充"命令后，系统会弹出"图案填充创建"选项卡，如图 1.63 所示。

图 1.63　"图案填充创建"选项卡

（二）选项说明

1."边界"面板

（1）"拾取点"按钮：通过选择由一个或多个对象形成的封闭区域内的点，确定图案填充边界。可以随时在绘图区中右击以显示包含多个选项的快捷菜单。

（2）"选择"按钮：指定基于选定对象的图案填充边界。该选项不会自动检测内部对象，必须选择选定的边界内的对象，从而按照当前孤岛检测样式填充。

（3）"删除"按钮：单击该按钮可以取消系统自动计算或用户指定的孤岛。图 1.64 所示为包含"孤岛"与删除"孤岛"时的效果对比。

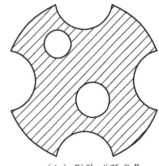

（a）包含"孤岛"　　　　　　　　　　　　　　　（b）删除"孤岛"

图 1.64　包含"孤岛"与删除"孤岛"的效果对比

（4）"重新创建边界"按钮：重新创建图案填充边界。

2."图案"面板

显示所有预定义和自定义图案的预览图像。

3."特性"面板

（1）"图案填充类型"按钮：指使用纯色、渐变色、图案或是用户定义的图案进行填充。

（2）"图案填充颜色"按钮：替代实体填充和填充图案的当前颜色。

（3）"背景色"按钮：指定填充图案背景的颜色。

（4）"图案填充透明度"按钮：设定新图案填充或填充的透明度，替代当前对象的透明度。

（5）"图案填充角度"按钮：指定图案填充或填充的角度。

（6）"图案填充比例"按钮：放大或缩小预定义或自定义填充图案。

（7）"相对图纸空间"按钮：相对于图纸空间单位缩放填充图案。使用此选项，很容易做到以适合布局的比例显示填充图案。此功能仅在布局中可用。

（8）"双"按钮：将绘制第二组直线，与原始直线成 90°角，从而构成交叉线。仅当"图案填充类型"设定为"用户定义"时可用。

（9）"ISO 笔宽"按钮：基于选定的笔宽缩放 ISO 图案。此功能仅对于预定义的 ISO 图案可用。

4."原点"面板

"原点"面板用于指定图案填充的原点。

5."选项"面板

（1）"关联"按钮：控制当用户修改图案填充边界时是否自动更新图案填充。

（2）"注释性"按钮：指定根据视口比例自动调整填充图案的比例。

（3）"特性匹配"按钮：使用选定图案填充对象（除去/包括图案填充原点）设定图案填充的特性。

（4）"允许间隙"按钮：设定将对象用作图案填充边界时可以忽略的最大间隙。默认值为 0，此值指定对象必须封闭区域而没有间隙。

（5）"独立的图案填充"按钮：控制当指定了几个单独的闭合边界时，创建单个图案填充对象或者创建多个图案填充对象。

（6）"孤岛检测"按钮：图案填充时检测孤岛的方式，包括普通孤岛检测、外部孤岛检测和忽略孤岛检测。

（7）"绘图次序"按钮：为图案填充指定绘图次序。其中包括"不更改""后置""前置""置于边界之后"和"置于边界之前"等选项。

六、图块

图块（简称块）是由多个对象组成的集合，具有图块名。通过建立图块，可以将多个对象作为一个整体来操作，也可将图块作为单个对象插入到当前图形中指定的位置。

（一）创建块

创建块是指将图形中选定的一个或几个对象组成一个整体，将其保存并为其取名，这样就可以将它视作一个可以在图形中随时调用和编辑的实体。AutoCAD 提供块定义和写块两种创建块的方法。

1.块定义

用户可以通过以下方式进行块定义：

（1）选择菜单栏的"绘图"→"块"→"创建块"命令。

（2）在功能区中选择"默认"选项卡的"块"面板中的"创建"按钮 。

（3）在命令行输入"BLOCK"或"B"命令并按下"Enter"键。

执行"创建块"命令后，系统会弹出"块定义"选项卡，如图 1.65 所示。对话框中各选项的含义如下：

图 1.65　"块定义"对话框

①"名称"文本框：输入要定义的块的名称。

②"基点"选项组：用来指定块的插入基点。用户可以直接在"X""Y""Z"文本框中输入基点坐标；也可以单击"拾取点"按钮，在绘图区域中选择基点。通常将块的中心点、左下角点或其他有特征的点选作基点。

③"对象"选项组：选择组成块的对象。"选择对象"按钮用来切换到绘图区选择组成块的各对象；"保留"单选按钮用来确定定义块后是否仍在绘图区保留组成块的对象；"转换为块"按钮用来确定定义块后是否将组成块的各对象保留并把它们转换成块；"删除"单选按钮用来确定创建块后是否将组成块的对象删除。

④"方式"选项组：用于设置块的属性。选中"注释性"复选框，将块设为注释性对象，可自动根据注释比例调整插入的块参照的大小。

选中"按统一比例缩放"复选框，可以设置块对象按统一比例进行缩放。选中"允许分解"复选框，将块对象设置为允许被分解的模式。一般按照默认选择。

⑤"设置"选项组：用于指定从 AutoCAD 设计中心拖动块时缩放块的单位。例如，设置块单位为"毫米"，若被拖放到某图形中的图形单位为"米"，则图块将缩小 1 000 倍被拖放到该图形中。通常选择"毫米"选项。

⑥"说明"文本框：填写与块相关的说明文字。

2. 写块

"写块"实质是对块进行存盘操作，使块能被存储在任意指定的磁盘中。用户可以通过以下方式进行写块：

（1）在功能区中选择"插入"选项卡的"块定义"面板中的"写块"按钮。

（2）在命令行输入"WBLOCK"或"W"命令并按下"Enter"键。

执行"写块"命令后，系统会弹出"写块"对话框，如图 1.66 所示。

在"写块"对话框中，大部分选项的含义与"块定义"的相同，以下就不同含义的选项进行说明。

① "块"用于将使用"BLOCK"命令创建的块写入磁盘，可在其下拉列表中选择块名。

② "整个图形"用于将当前的全部对象写入磁盘。

③ "对象"用于指定需要保存到磁盘的块对象。

④ "文件名和路径"用于输入块文件的名称和保存位置，也可以在弹出的"浏览文件夹"对话框中设置文件的保存位置。

⑤ "插入单位"用于选择从 AutoCAD 设计中心中拖动块时的缩放单位。

图 1.66 "写块"对话框

（二）插入块

定义块之后，可进行插入块的操作，还可以改变插入块的比例和角度。用户可通过以下方式执行"插入块"命令：

（1）选择菜单栏的"插入"→"块"命令。

（2）在功能区中选择"插入"选项卡的"插入"按钮 ▦。

（3）在命令行输入"INSERT"或"I"命令并按下"Enter"键。

执行上述任一操作后，将弹出"插入"对话框，如图 1.67 所示。

对话框各选项的说明如下：

① "名称"用来指定需要插入的块。既可以通过输入块名称查找，又可通过选择存储块的路径查找要插入的块。

② "插入点"选项组用于设置块的插入位置。

③ "比例"选项组用于设置块的插入比例。

④ "旋转"选项组用于设置块插入时的旋转角度。可直接在"角度"文本框中输入角度值，也可以选中"在屏幕上指定"复选框，在屏幕上指定旋转角度。

⑤ "块单位"选项组显示有关块的单位信息，不能改动。

⑥ 选中"分解"复选框，可以将插入的块分解成组成该块的各基本对象。

图 1.67　"插入"对话框

第四节　文字与表格

一、文字样式

文字样式包括字体和文字效果。AutoCAD 中有预置的文字样式，用户也可以根据需要设置其他文字样式。用户可通过以下方式调用"文字样式"命令：

（1）选择菜单栏的"格式"→"文字样式"命令。

（2）在功能区中选择"默认"选项卡的"注释"面板中的"文字样式"按钮 。

（3）在命令行输入"STYLE"命令并按下"Enter"键。

执行"文字样式"命令后，将弹出"文字样式"对话框，如图 1.68 所示。其中各选项的说明如下：

图 1.68　"文字样式"对话框

① "样式"列表列出了当前可以使用的文字样式，默认文字样式为 Standard（标准）。

② "字体"选项组用于选择样式的字体，包括字体名和字体样式。AutoCAD 存在 SHX 和 TrueType 两种类型的字体文件，这两类字体文件都支持英文显示，但在显示中文、日文、韩文等文字时会出现问题。因此一般需要选择"使用大字体"复选框才能显示中文字体，而且只有 SHX 文件可以创建"大字体"。

③"大小"选项组用于更改文字的大小。在"高度"文本框中输入数值可指定文字的高度，即字号。如果保持其值为默认值"0"，则可在插入文字时再设置文字高度。

④"效果"选项组用于修改字体特性。例如字宽、倾斜角以及是否颠倒显示、反向显示或垂直对齐等。

⑤"置为当前"按钮可将选择的文字样式设置成当前的文字样式。

⑥"删除"按钮可删除所选择的文字样式，但无法删除已经被使用和默认的 Standard 样式。

⑦"新建"按钮可新建文字样式，单击该按钮，将弹出"新建文字样式"对话框，如图1.69 所示。在"样式名"文本框中输入新建样式的名称并单击"确定"按钮，新建的文字样式即可显示在"样式"列表中，如图1.70 所示。

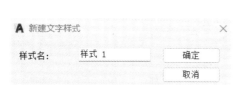

图 1.69 "新建文字样式"对话框　　图 1.70 新建后的"文字样式"列表

二、单行文字

AutoCAD 提供了两种创建文字的方法，即单行文字和多行文字。单行文字用来创建一行或多行文字，但创建的每行文字都是独立的、可被编辑的对象。

（一）创建单行文字

用户可通过以下方式调用"单行文字"命令：
（1）选择菜单栏的"绘图"→"文字"→"单行文字"命令。
（2）在功能区中选择"默认"选项卡的"注释"面板中的"单行文字"按钮 A 单行文字。
（3）在命令行输入"TEXT"或"DT"命令并按下"Enter"键。

执行"单行文字"命令后，命令提示与操作如图1.71 所示。指定文字样式、起点、高度和旋转角度后输入文字。要创建另一个单行文字，按"Enter"键在紧接着文字后另起一行，或者单击文字对象的位置。在空行处按"Enter"键可结束"单行文字"命令。

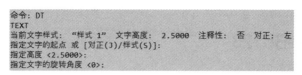

图 1.71 "单行文字"命令提示与操作

（二）编辑单行文字

创建单行文字后，为了满足精确绘图的需要，往往需要对文字内容、文字位置、字体大小等进行调整。用户可以通过以下方式调用对单行文字的"编辑"命令。
（1）选中要编辑的文字对象，单击鼠标右键，在弹出的快捷列表中选择"编辑"命令。
（2）使用鼠标左键双击要编辑的文字对象。

（3）在命令行中输入"DDEDIT"或"ED"命令并按"Enter"键。

执行命令后，命令行会提示"选择注释对象"，根据提示选择要编辑的文本对象后，即可进入编辑状态。

三、输入特殊符号

在实际绘图过程中，有时需要标注一些特殊符号，使用"单行文字"命令中的字符功能即可方便地创建度数、直径符号、正负号等特殊符号。

由于特殊符号不能直接通过键盘输入，所以 AutoCAD 提供了一些控制码来实现，控制码由两个百分号（%%）加一个字符构成。常用控制码如表 1.1 所示。

表 1.1　AutoCAD 2018 常用控制码

控 制 符	功 能
%%D	标注度（°）符号
%%P	标注正负公差（±）符号
%%C	标注直径（ϕ）符号
%%O	"上划线"开关符号
%%U	"下划线"开关符号
%%%	标注百分号（%）

四、多行文字

相比于单行文字对象来说，多行文字对象更加易于管理与操作。多行文字可以用来创建两行及以上的文字，它们是一个整体。用户可通过以下方式调用"多行文字"命令：

（1）选择菜单栏的"绘图"→"文字"→"多行文字"命令。

（2）在功能区中选择"默认"选项卡的"注释"面板中的"多行文字"按钮 A 多行文字。

（3）在命令行输入"MTEXT"或"MT"命令并按下"Enter"键。

执行"多行文字"命令后，命令提示与操作如图 1.72 所示。根据命令行提示操作即可创建多行文字。

```
命令: _mtext
当前文字样式:"样式 1"  文字高度:  715.8255  注释性:  否
指定第一角点:
指定对角点或 [高度(H)/对正(J)/行距(L)/旋转(R)/样式(S)/宽度(W)/栏(C)]:
```

图 1.72　"多行文字"命令提示与操作

在"草图与注释"空间模式下，创建多行文字时，面板区将显示"文字编辑器"选项卡，其中包含"样式""格式""段落""插入""拼写检查""工具""选项""关闭"等功能选项，如图 1.73 所示。

图 1.73　"文字编辑器"选项卡

①"样式"面板：包括样式、注释性和文字高度，该样式为多行文字对象应用的文字样式。默认情况下，"标注"文字样式处于活动状态。

②"格式"面板：包括粗体、斜体、下划线、上划线、字体、颜色、倾斜角度、追踪和宽度因子。单击"格式"面板上的倒三角按钮，会显示更多的选项。

③"段落"面板：包括多行文字、段落、行距、编号和各种对齐方式。单击"对正"按钮，显示"文字对正"下级菜单，包含 9 个对齐选项可用；单击"行距"按钮，"行距"下级菜单中显示了系统拟定的行距选项，选择"更多"选项则可显示更多的行距选项。

④"插入"面板：包括"符号""列"和"字段"。单击"符号"按钮，将显示"符号"菜单；单击"字段"按钮，将弹出"字段"对话框。

⑤ 其他面板：包括查找和替换、拼写检查、放弃、重做、标尺和选项等设置项。

五、表格

表格是一种常用的简洁清晰展示信息的方式。在 AutoCAD 2018 中，用户既可以使用"表格"命令创建表格，又可以从 Microsoft Excel 中直接复制表格，并将其粘贴到图形中。此外，来自 AutoCAD 的表格数据也可以在 Microsoft Excel 或其他应用中使用。

（一）新建表格样式

与文字类似，表格外观由表格样式控制，用户可以使用默认的表格样式"Standard"，也可以创建新的表格样式。用户可通过以下方式调用"表格样式"命令：

（1）选择菜单栏的"格式"→"表格样式"命令。

（2）在功能区中选择"默认"选项卡的"注释"面板中的"表格样式"按钮。

（3）在命令行输入"TABLESTYLE"或"TS"命令并按下"Enter"键。

执行"文字样式"命令后，将弹出"表格样式"对话框，如图 1.74 所示。

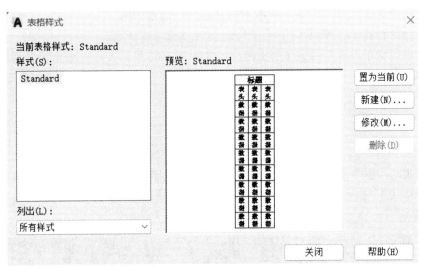

图 1.74 "表格样式"对话框

单击"表格样式"对话框中的"新建"按钮，将弹出"创建新的表格样式"对话框，如

图 1.75 所示。在"新样式名"文本框中输入新的表格样式名；在"基础样式"下拉列表选择一种基础样式作为模板，新的表格样式将在该基础上进行修改，然后单击"继续"按钮，弹出"新建表格样式"对话框，如图 1.76 所示。

图 1.75　"创建新的表格样式"对话框

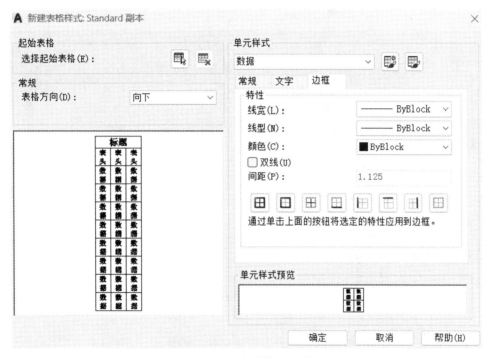

图 1.76　"新建表格样式"对话框

①"起始表格"选项组：用户可以在图形中指定一个表格用作样例来设置此表格样式的格式。选择表格后，可以指定要从该表格复制到表格样式的结构和内容。

②"常规"选项组：包括"表格方向"下拉列表框和预览窗口。"表格方向"为"向下"时，将创建由上而下读取的表格，标题行和列标题行位于表格的顶部。单击"插入行"并单击"下"时，将在当前行的下面插入新行。"表格方向"为"向上"时，将创建由下而上读取的表格，标题行和列标题行位于表格的底部。单击"插入行"并单击"上"时，将在当前行上面插入新行。

③"单元样式"选项组：用于定义新的单元样式或修改现有单元样式，可以创建任意数量的单元样式。"单元样式"下拉列表框显示表格中的单元样式，"创建新单元样式"按钮 用于启动"创建新单元样式"对话框，"管理单元样式"按钮 用于启动"管理单元样式"对话框。"单元样式"选项卡包括"常规""文字""边框"3 个选项卡，用于设置单元、单元

文字和单元边框的外观。

④ "单元样式预览"选项组：显示当前表格样式设置效果。

（二）创建表格

用户可以通过以下方式创建表格：

（1）选择菜单栏的"绘图"→"表格"命令。

（2）在功能区中选择"默认"选项卡的"注释"面板中的"表格"按钮。

（3）在命令行输入"TABLE"或并按下"Enter"键。

执行"表格"命令后，弹出"插入表格"对话框，如图 1.77 所示。

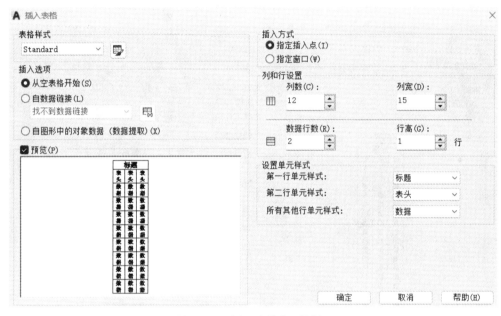

图 1.77 "插入表格"对话框

①"表格样式"选项组：可以从下拉列表框中选择表格样式，也可以点击 按钮启动"表格样式"对话框，创建新的表格样式。

②"插入选项"选项组：指定插入表格的方式。"从空表格开始"创建可以手动填充数据的空表格；"自数据链接"从外部电子表格中的数据创建表格；"自图形中的对象数据（数据提取）"将启动"数据提取"向导。

③"预览"选项组：控制是否显示预览。如果从空表格开始，则预览将显示表格样式的样例。

④"插入方式"选项组：用于指定表格位置。"指定插入点"可在绘图区中指定的点处插入大小固定的表格；"指定窗口"可在绘图区中通过移动表格的边框来创建任意大小的表格。

⑤"列和行设置"选项组：设置列数、列宽、行数、行高。

⑥"设置单元样式"选项组：对于那些不包含起始表格的表格样式，用于指定新表格中行的单元格式。一般使用默认设置，即第一行使用标题单元样式，第二行使用表头单元样式，其他使用数据单元样式。

（三）编辑表格

利用夹点功能即可修改表格的列宽和行高，还可利用如图 1.78 所示的"表格单元"面板对表格进行编辑操作，如插入行、插入列、删除行、删除列以及合并单元格等。其操作与 Word 中对表格的编辑操作类似。

图 1.78　"表格单元"面板

第五节　二维图形的编辑

AutoCAD 2018 除了拥有丰富的二维图形绘制命令，还提供了功能强大的二维图形编辑命令。用户可准确、快捷地选择要编辑的图形对象，再使用编辑命令对图形进行修改，从而实现复杂二维图形的绘制。

一、对象的选择方法

AutoCAD 2018 中选择对象的方法很多，下面介绍介绍几种常用的方法。

（一）点选

点选是 AutoCAD 中最简单、快捷地选择对象的方法，即使用鼠标点击要选择的图形对象。未对任何对象进行编辑时，光标为"十字"形，单击对象，被选中的目标显示相应的夹点。如果在编辑过程中选择对象，十字光标显示为"口"形，以此选择的对象则显示为高亮状态。

（二）矩形框选

矩形框选是通过确定的矩形区域对目标进行框选，包括从左至右和从右至左确定矩形框两种方式。

从左至右确定矩形框：当指定了矩形窗口的两个对角点时，所有部分均位于这个矩形窗口内的对象将被选中，不在该窗口内或者只有部分在该窗口内的对象则不被选中。

从右至左确定矩形框：全部位于窗口之内或者与窗口边界相交的对象都将被选中。

（三）过滤选择

在命令行的提示下输入"FILTER"命令，将打开"对象选择过滤器"对话框，如图 1.79 所示。用户可以以对象的类型、图层、颜色、线型等特性为筛选条件，来选择符合条件的对象。

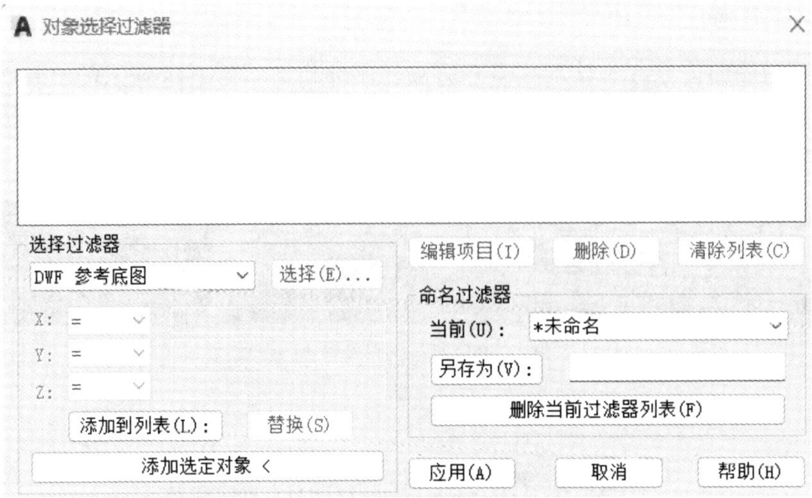

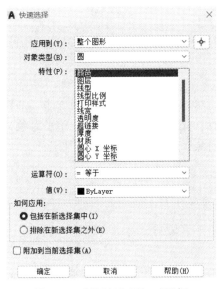

图 1.79 "对象选择过滤器"对话框

（四）快速选择

在 AutoCAD 中，当需要选择具有某些共同特征的对象时，可利用"快速选择"的方法实现，根据对象的图层、颜色、线型、图案填充等特殊性和类型创建选择集。通过点击菜单栏中的"工具"→"快速选择"命令，可打开"快速选择"对话框，如图 1.80 所示。

图 1.80 "快速选择"对话框

二、复制类命令

（一）复制命令

复制图形是指在不改变图形大小、方向的前提下，重新生成一个或多个与原对象完全一样的图形，这需要用到"复制"命令。用户可通过以下方式调用该命令：

46

（1）选择菜单栏的"修改"→"复制"命令。

（2）在功能区中选择"默认"选项卡的"修改"面板中的"复制"按钮 。

（3）在命令行输入"COPY""CO"或"CP"命令并按下"Enter"键。执行"复制"命令后，命令提示与操作如图 1.81 所示。

```
命令: _copy
选择对象: 找到 1 个
选择对象:
当前设置:  复制模式 = 多个
指定基点或 [位移(D)/模式(O)] <位移>:
指定第二个点或 [阵列(A)] <使用第一个点作为位移>:
```

图 1.81　"复制"命令提示与操作

通过连续指定第二点即可创建被选对象的多个副本，指导命令结束。

（二）镜像命令

"镜像"命令可以把所选图形对象围绕用两点定义的对称轴来对称复制。用户可通过以下方式调用该命令：

（1）选择菜单栏的"修改"→"镜像"命令。

（2）在功能区中选择"默认"选项卡的"修改"面板中的"镜像"按钮 。

（3）在命令行输入"MIRROR""MI"命令并按下"Enter"键。

执行"镜像"命令后，命令提示与操作如图 1.82 所示。在"要删除源对象吗？"提示信息下，直接按"Enter"键，则镜像复制对象，并保留原来的对象；如果输入"Y"，则在镜像复制对象的同时删除源对象。

```
命令: _mirror
选择对象: 找到 1 个
选择对象:
指定镜像线的第一点:
指定镜像线的第二点:
要删除源对象吗?[是(Y)/否(N)] <否>:
```

图 1.82　"镜像"命令执行与操作提示

（三）偏移命令

"偏移"命令常用来对直线、圆、曲线等对象进行操作，从而创建平行线、同心圆和平行曲线等。偏移通常有"按指定距离"偏移和"通过指定点"偏移两种方式。用户可通过以下方式调用该命令：

（1）选择菜单栏的"修改"→"偏移"命令。

（2）在功能区中选择"默认"选项卡的"修改"面板中的"偏移"按钮 。

（3）在命令行输入"OFFSET"或"O"命令并按下"Enter"键。

执行"偏移"命令后，命令提示与操作如图 1.83 所示。

```
OFFSET
当前设置: 删除源=否  图层=源  OFFSETGAPTYPE=0
指定偏移距离或 [通过(T)/删除(E)/图层(L)] <通过>:
选择要偏移的对象, 或 [退出(E)/放弃(U)] <退出>:
指定通过点或 [退出(E)/多个(M)/放弃(U)] <退出>:
```

图 1.83　"偏移"命令提示与操作

① 如果指定偏移距离，则选择要偏移复制的对象，然后指定偏移方向以复制对象。

② 如果在命令行输入"T"，再选择要偏移复制的对象，然后指定一个通过点，这时复制出的对象将经过通过点。

③ "偏移"命令是一个单对象编辑命令，只能以直接拾取方式选择对象。

④ 通过指定偏移距离的方式来复制对象时，距离值必须大于 0。

⑤ 使用"偏移"命令复制对象时，复制结果不一定与原对象相同。例如，对圆弧做偏移后，新圆弧与旧圆弧同心且具有同样的包含角，但新圆弧的弧长会发生改变。对圆或椭圆做偏移后，新圆、新椭圆与旧圆、旧椭圆有同样的圆心，但新圆的半径或新椭圆的轴长要发生变化。对直线段、构造线、射线做偏移，是平行复制。

（四）阵列命令

阵列是指多次重复复制对象，并把复制后的副本按一定规律进行排列。例如环形阵列、矩形阵列、路径阵列。用户可通过以下方式调用该命令：

（1）选择菜单栏的"修改"→"阵列"→"矩形阵列"/"环形阵列"/"路径阵列"命令。

（2）在功能区中选择"默认"选项卡的"修改"面板中的"矩形阵列"按钮🔳、"环形阵列"按钮🎲、"路径阵列"按钮🔲。

（3）在命令行输入"ARRAY"或"AR"命令并按下"Enter"键。

执行"阵列"命令后，命令提示与操作如图 1.84 所示。

```
命令：AR
ARRAY
选择对象：找到 1 个
选择对象：
输入阵列类型 [矩形(R)/路径(PA)/极轴(PO)] <路径>：
```

图 1.84 "阵列"命令提示与操作

选项说明：

① 矩形（R）：将对象的副本按照指定的列数、行数和层数进行分布。通过夹点调整列间距、列数、行间距、行数、层间距和层数等。

② 路径（PA）：沿着一条指定的路径均匀复制对象。路径可以是直线、多段线、三维多段线、样条曲线、圆（弧）、椭圆（弧）等。

③ 极轴（PO）：环形阵列（极轴）是将所选对象按圆周等距复制。

三、移动类命令

（一）移动命令

"移动"命令可以将所选的一个或多个对象平移到其他位置，但不改变对象的方向和大小。

用户可通过以下方式调用该命令：

（1）选择菜单栏的"修改"→"阵列"→"移动"命令。

（2）在功能区中选择"默认"选项卡的"修改"面板中的"移动"按钮🔲。

（3）在命令行输入"MOVE"或"M"命令并按下"Enter"键。

执行"移动"命令后，命令行提示与操作如图 1.85 所示。

```
命令: M
MOVE
选择对象: 找到 1 个
选择对象:
指定基点或 [位移(D)] <位移>:
指定第二个点或 <使用第一个点作为位移>:
```

图 1.85 "移动"命令提示与操作

（二）旋转命令

"旋转"命令可以将所选的一个或多个对象的方向进行改变。用户可通过以下方式调用该命令：

（1）选择菜单栏的"修改"→"旋转"命令。

（2）在功能区中选择"默认"选项卡的"修改"面板中的"旋转"按钮█。

（3）在命令行输入"ROTATE"或"RO"命令并按下"Enter"键。

执行"旋转"命令后，命令提示与操作如图 1.86 所示。

```
命令: RO
ROTATE
UCS 当前的正角方向:  ANGDIR=逆时针  ANGBASE=0
选择对象: 找到 1 个
选择对象:
指定基点:
指定旋转角度, 或 [复制(C)/参照(R)] <0>:
```

图 1.86 "旋转"命令提示与操作

使用时选择要旋转的对象并指定旋转的基点，然后根据命令行的提示直接输入要旋转的角度；也可以在指定基点后用光标拖动对象进行旋转。

四、编辑图形特性命令

（一）缩放命令

"缩放"命令可以改变所选对象的大小，即在 X、Y、Z 方向等比例放大或缩小对象。用户可通过以下方式调用该命令：

（1）选择菜单栏的"修改"→"缩放"命令。

（2）在功能区中选择"默认"选项卡的"修改"面板中的"缩放"按钮█。

（3）在命令行输入"SCALE"或"SC"命令并按下"Enter"键。

执行"缩放"命令后，命令提示与操作如图 1.87 所示。

```
命令: _scale
选择对象: 找到 1 个
选择对象:
指定基点:
指定比例因子或 [复制(C)/参照(R)]:
```

图 1.87 "缩放"命令提示与操作

① 参照（R）：采用参考对象缩放对象时，需要根据系统提示输入参考长度值并指定新长度值。若新长度值大于参考长度值，则放大对象，否则将缩小对象。如果在"指定新长度"时选择"点（P）"选项，则系统通过指定的两点来定义新的长度。

② 复制（C）：选择该选项后，可以复制缩放对象，即缩放对象时保留源对象。

③ 指定比例因子：当输入的比例因子大于 1 时，放大对象；当比例因子大于 0 而小于 1 时，则缩小对象。

（二）拉伸命令

"拉伸"命令用于拖拽选择对象，使其形状发生改变。拉伸对象时，需指定拉伸的基点和移动点，并且必须用从右至左的框选方式选择对象。用户可通过以下方式调用该命令：

（1）选择菜单栏的"修改"→"拉伸"命令。

（2）在功能区中选择"默认"选项卡的"修改"面板中的"拉伸"按钮 。

（3）在命令行输入"STRETCH"或"S"命令并按下"Enter"键。

执行"缩放"命令后，命令提示与操作如图 1.88 所示。

```
命令：_stretch
以交叉窗口或交叉多边形选择要拉伸的对象...
选择对象：指定对角点：找到 1 个
选择对象：
指定基点或 [位移(D)] <位移>：
指定第二个点或 <使用第一个点作为位移>：
```

图 1.88 "拉伸"命令提示与操作

对于直线、圆弧、区域填充和多段线等对象，若其所有部分均在选择窗口内，则将被移动；如果只有一部分在选择窗口内，则遵循以下拉伸原则：

① 直线：位于窗口外的端点不动，位于窗口内的端点移动。

② 圆弧：与直线类似，但在圆弧改变的过程中，圆弧的弦高保持不变，同时调整圆心的位置和圆弧起始角、终止角的值。

③ 区域填充：位于窗口外的端点不动，位于窗口内的端点移动。

④ 多段线：与直线和圆弧类似，但多段线两端的宽度、切线方向及曲线拟合信息均不改变。

⑤ 其他对象：如果其定义点位于选择窗口内，则对象发生移动，否则不动；其中，圆对象的定义点为圆心，块对象的定义点为插入点，文字和属性定义的定义点为字符串基线的左端点。

（三）拉长命令

拉长命令用于改变圆弧的角度，或改变非闭合对象的长度，包括直线、圆弧、非闭合多段线、椭圆弧和非闭合样条曲线等。用户可通过以下方式调用该命令：

（1）选择菜单栏的"修改"→"拉长"命令。

（2）在功能区中选择"默认"选项卡的"修改"面板中的"拉长"按钮 。

（3）在命令行输入"LENGTHEN"或"LEN"命令并按下"Enter"键。

执行"拉长"命令后，命令行会显示：

命令：_lengthen

选择对象或[增量(DE)/百分数(P)/全部(T)/动态(DY)]：

默认情况下，选择对象后，系统会显示当前选中对象的长度和包含角等信息。其他选项功能说明如下：

①"增量（DE）"选项：以增量方式修改圆弧的长度。可以直接输入长度增量来拉长直线或者圆弧，长度增量为正值时拉长，长度增量为负值时缩短。也可以输入 A，通过指定圆弧的包含角增量来修改圆弧的长度。

②"百分数（P）"选项：以相对于原长度的百分比来修改直线或者圆弧的长度。

③"全部（T）"选项：以给定直线新的总长度或圆弧的新包含角来改变长度。

④"动态（DY）"选项：允许动态地改变圆弧或者直线的长度。

（四）倒角命令

"倒角"命令是用斜线将两个不平行的线形对象（如直线段、射线、多段线等）连接起来。用户可通过以下方式调用该命令：

（1）选择菜单栏的"修改"→"倒角"命令。

（2）在功能区中选择"默认"选项卡的"修改"面板中的"倒角"按钮▱。

（3）在命令行输入"CHAMFRE"或"CHA"命令并按下"Enter"键。

执行"倒角"命令后，命令提示与操作如图 1.89 所示。各选项含义如下：

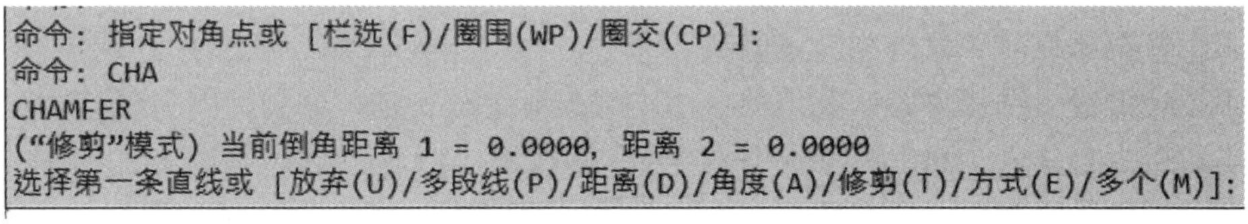

```
命令：指定对角点或 [栏选(F)/圈围(WP)/圈交(CP)]：
命令：CHA
CHAMFER
("修剪"模式) 当前倒角距离 1 = 0.0000, 距离 2 = 0.0000
选择第一条直线或 [放弃(U)/多段线(P)/距离(D)/角度(A)/修剪(T)/方式(E)/多个(M)]:
```

图 1.89 "倒角"命令提示与操作

①"多段线（P）"选项：以当前设置的倒角大小对多段线的各顶点（交角）修倒角。

②"距离（D）"选项：设置倒角的两个斜线距离。

③"角度（A）"选项：选择第一条直线的斜线距离和第一条直线的倒角角度。

④"修剪（T）"选项：用于设置倒角后是否保留源对象，命令行将显示"输入修剪模式选项[修剪(T)/不修剪(N)]<修剪>:"提示信息。其中，选择"修剪（T）"选项，表示倒角后对倒角边进行修剪；选择"不修剪（N）"选项，表示不进行修剪。

⑤"方式（E）"选项：选择采用距离方式还是角度方式来进行倒角。

⑥"多个（M）"选项：对多个对象修倒角，而不需要重新调用命令。

注意：修倒角时，倒角距离或倒角角度不能太大，否则无效。当两个倒角距离均为 0 时，"倒角"命令将延伸两条直线使之相交，不产生倒角。此外，如果两条直线平行或发散，则不能修倒角。

（五）圆角命令

"圆角"命令可以将两个对象用一段指定半径的圆弧连接起来。使用该命令，可以选择性地修剪或延伸所选对象，便于更好地实现圆滑过渡。用户可通过以下方式调用该命令：

（1）选择菜单栏的"修改"→"圆角"命令。

（2）在功能区中选择"默认"选项卡的"修改"面板中的"圆角"按钮。

（3）在命令行输入"FILLET"命令并按下"Enter"键。

执行"圆角"命令后，命令提示与操作如图 1.90 所示。

```
命令: FILLET
当前设置: 模式 = 修剪, 半径 = 0.0000
选择第一个对象或 [放弃(U)/多段线(P)/半径(R)/修剪(T)/多个(M)]:
选择第二个对象, 或按住 Shift 键选择对象以应用角点或 [半径(R)]:
```

图 1.90 "圆角"命令提示与操作

修圆角的方法与修倒角的方法类似，在命令行提示中，选择"半径（R）"选项，即可设置圆角的半径大小。在 AutoCAD 2018 中，允许对两条平行线进行圆角操作，圆角半径为两条平行线距离的一半。

五、拆合类命令

（一）修剪命令

"修剪"命令可以通过指定的边界对图形对象（例如直线、圆、圆弧、射线、样条曲线、文本以及非闭合的 2D 或 3D 多段线等）进行修剪。修剪的边界可以是除图块、网格、三维面、轨迹线以外的任何对象。用户可通过以下方式调用该命令：

（1）选择菜单栏的"修改"→"修剪"命令。

（2）在功能区中选择"默认"选项卡的"修改"面板中的"修剪"按钮。

（3）在命令行输入"TRIM"或"TR"命令并按下"Enter"键。

执行"修剪"命令后，命令提示与操作如图 1.91 所示。各选项含义如下：

```
命令: _trim
当前设置:投影=UCS, 边=无
选择剪切边...
选择对象或 <全部选择>:
选择要修剪的对象, 或按住 Shift 键选择要延伸的对象, 或
[栏选(F)/窗交(C)/投影(P)/边(E)/删除(R)/放弃(U)]:
```

图 1.91 "修剪"命令执行与操作提示

① 栏选（F）：用来修剪与选择栏相交的所有对象。选择栏是一系列临时线段，它们是由两个或多个栏选点指定的。

② 窗交（C）：用于通过指定窗交对角点修剪图形对象。

③ 投影（P）：用于确定修剪操作的空间，主要用于对三维空间中的两个对象进行修剪，此时可以将对象投影到某一平面上进行修剪操作。

④ 边（E）：用于确定修剪边的隐含延伸模式。

（二）延伸命令

"延伸"命令可以将直线、弧和多段线等图形对象的端点延长至指定的边界。通常有效的边界对象包括圆弧、块、圆、椭圆、浮动的视口边界、直线、多段线、射线、面域、样条曲

线、构造线以及文本等对象。用户可通过以下方式调用该命令：

（1）选择菜单栏的"修改"→"延伸"命令。

（2）在功能区中选择"默认"选项卡的"修改"面板中的"延伸"按钮 。

（3）在命令行输入"EXTEND"或"EX"命令并按下"Enter"键。

执行"延伸"命令后，命令提示与操作如图 1.92 所示。

```
命令: _extend
当前设置:投影=UCS, 边=无
选择边界的边...
选择对象或 <全部选择>:
选择要延伸的对象, 或按住 Shift 键选择要修剪的对象, 或
[栏选(F)/窗交(C)/投影(P)/边(E)/放弃(U)]:
```

图 1.92　"延伸"命令提示与操作

延伸命令的使用方法和修剪命令的使用方法相似，不同之处在于：使用延伸命令时，如果在按下"Shift"键的同时选择对象，则执行修剪命令；使用修剪命令时，如果在按下"Shift"键的同时选择对象，则执行延伸命令。

（三）打断命令

"打断"命令可以将在对象上指定的两点间的部分删除，当指定的两点重合时，则将对象在重合点处分为两个部分。用户可通过以下方式调用该命令：

（1）选择菜单栏的"修改"→"打断"命令。

（2）在功能区中选择"默认"选项卡的"修改"面板中的"打断"按钮 。

（3）在命令行输入"BREAK"或"BR"命令并按下"Enter"键。

执行"打断"命令后，命令提示与操作如图 1.93 所示。

```
命令: _break
选择对象:
指定第二个打断点 或 [第一点(F)]:
```

图 1.93　"打断"命令提示与操作

默认情况下，以选择对象时的拾取点作为第一个断点，需要指定第二个断点。如果直接选取对象上的另一点或者在对象的一端之外拾取一点，将删除对象上位于两个拾取点之间的部分。如果选择"第一点（F）"选项，可以重新确定第一个断点。

在确定第二个打断点时，如果在命令行输入@，可以使第一个与第二个断点重合，从而将对象一分为二，相当于执行了"打断于点"命令。如果对圆、矩形等封闭图形使用打断命令时，AutoCAD 将沿逆时针方向把第一断点到第二断点之间的圆弧删除。

（四）合并命令

"合并"命令可以将直线、圆、椭圆弧和样条曲线等独立的图线合并为一个对象。用户可通过以下方式调用该命令：

（1）选择菜单栏的"修改"→"合并"命令。

（2）在功能区中选择"默认"选项卡的"修改"面板中的"合并"按钮 。

（3）在命令行输入"JOIN"或"J"命令并按下"Enter"键。

执行"合并"命令后，在命令行的提示下选择要合并的对象后按"Enter"键即可完成合并。但是要合并的对象必须相似且位于相同平面上。每种类型的对象都有附加限制，具体如下：

直线：直线对象必须共线。

多段线：对象可以是直线、多段线或圆弧，对象之间不能有间隙，并且必须位于与 UCS 的 XY 平面平行的同一平面上。

圆弧：圆弧对象必须位于同一圆上，它们之间可以有间隙。

椭圆弧：椭圆弧必须位于同一椭圆上，它们之间可以有间隙。

样条曲线：样条曲线和螺旋对象必须相接，合并样条曲线的结果是形成单个样条曲线。

当合并两条或多条圆弧或椭圆弧时，将从源对象开始按逆时针方向合并。

（五）分解命令

"分解"命令用于分解组合对象，而组合对象是由多个 AutoCAD 基本对象组合而成的复杂对象，例如多段线、多线、标注、块、面域、多面网格、多边形网格、三维网格以及三维实体等。分解的结果取决于组合对象的类型。用户可通过以下方式调用该命令：

（1）选择菜单栏的"修改"→"分解"命令。

（2）在功能区中选择"默认"选项卡的"修改"面板中的"分解"按钮 。

（3）在命令行输入"EXPLODE"或"X"命令并按下"Enter"键。

调用"分解"命令，选择需要分解的对象后按"Enter"键，即可分解图形并结束该命令。

六、删除命令

"删除"命令可以在图形中删除用户所选择的一个或多个对象。在图形文件被关闭之前，用户可利用"UNDO"或"OOPS"命令进行恢复。用户可通过以下方式调用该命令：

（1）选择菜单栏的"修改"→"删除"命令。

（2）在功能区中选择"默认"选项卡的"修改"面板中的"删除"按钮 。

（3）在命令行输入"ERASE"或"E"命令并按下"Enter"键。

调用该命令后，选择要删除的对象，按下"Enter"键并确定即可完成删除操作。

第六节 尺寸标注

尺寸标注是设计图样中必不可少的内容，是精确反映图形对象各部分的大小及相互关系的工具，也是使用图纸指导施工的重要依据。

一、尺寸标注的组成与规定

（一）尺寸标注的组成

一个完整的尺寸标注包括尺寸界线、尺寸线、箭头和标注文字，如图 1.94 所示。

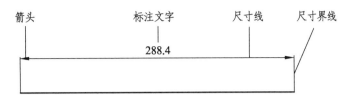

图 1.94　尺寸标注的组成

（1）尺寸界线：从被标注的对象延伸到尺寸线。尺寸界线一般与尺寸线垂直，但在特殊情况下也可以将尺寸界线倾斜。

（2）尺寸线：表明标注的范围。通常使用箭头来指出尺寸线的起点和终点。

（3）标注文字：表明实际测量值。可以使用由 AutoCAD 自动计算出的测量值，并可附加公差、前缀和后缀等。用户也可以自行指定文字或取消文字。

（二）尺寸标注的规定

我国的工程制图国家标准《机械制图　尺寸注法》（GB/T　4458.4—2003）对尺寸标注做出了明确规定，要求尺寸标注必须遵守以下基本规则：

（1）物体的真实大小应以图形上所标注的尺寸数值为依据，与图形显示的大小和绘图的精度无关。

（2）当图形中的尺寸以毫米为单位时，不需要标注尺寸单位的代号或名称。如果采用其他单位，则必须注明尺寸单位的代号或名称，如度、厘米、英寸等。

（3）图形中所标注的尺寸为图形所表示的物体的最后完工尺寸，如果是中间过程的尺寸（如在涂镀前的尺寸等），则必须另加说明。

（4）物体的每个尺寸一般只标注一次，并应标注在最能清晰反映该结构的视图上。

二、标注样式

在标注尺寸之前，首先要创建标注样式，否则系统会使用默认的 Standard 样式。系统默认的标注样式不符合国家标准，因此用户需自行按照国标要求设置标注样式。

（一）创建标注样式

创建或修改标注样式，需要在"标注样式管理器"对话框中进行。用户可通过以下方式调用"标注样式"命令：

（1）选择菜单栏的"格式"→"标注样式"命令。

（2）在功能区中选择"默认"选项卡的"注释"面板中的"标注样式"按钮　。

（3）在命令行输入"DIMSTYLE"命令并按下"Enter"键。

执行"标注样式"命令后，将弹出"标注样式管理器"对话框，如图 1.95 所示。对话框中各选项的功能与"文字样式""表格样式"中各选项类似。点击"新建"按钮，将弹出"创建新标注样式"对话框，如图 1.96 所示。

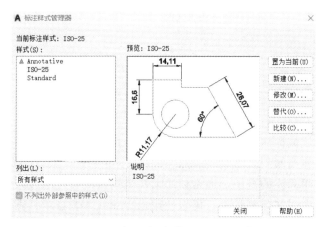

图 1.95 "标注样式管理器"对话框

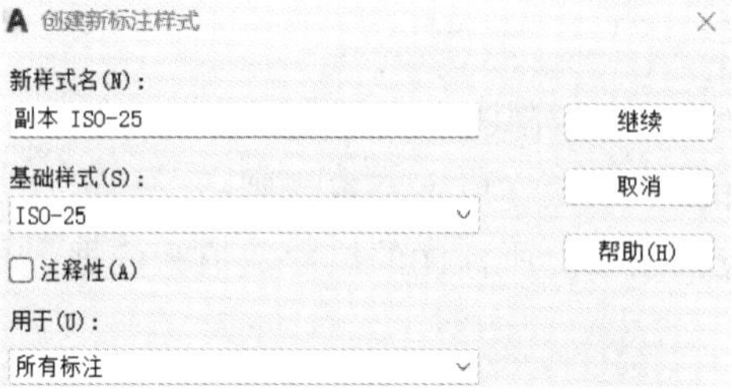

图 1.96 "创建新标注样式"对话框

基础样式：在该下拉列表中可以选择一种基础样式，新建的标注样式就是在该基础样式基础上进行修改。例如将"ISO-25"作为基础样式，选好后点击"继续"按钮，将弹出"新建标注样式:副本 ISO-25"对话框，如图 1.97 所示。在此对话框即可设置名为"副本 ISO-25"的新的标注样式。

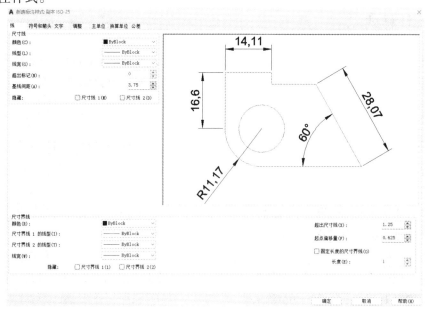

图 1.97 "新建标注样式:副本 ISO-25"对话框

①"线"选项组：通过该选项组中的"尺寸线"选项卡可设置尺寸线的颜色、线型、线宽、基线间距等，也可隐藏或显示尺寸线两端的箭头；通过"尺寸界线"选项卡可以设置尺寸界线的颜色、线型和线宽，可控制尺寸界线的隐藏或显示，同时也可设置尺寸界线超出尺寸线的距离和起点偏移量；选中"固定长度的尺寸界线"复选框，系统以固定长度的尺寸界线标注尺寸，在其下面的"长度"文本框中输入长度值即可。

②"符号和箭头"选项组："箭头"和"箭头大小"选项卡分别用于设置尺寸线两端箭头以及引线箭头的样式和大小；"圆心标记"选项卡用于设置半径标注、直径标注和中心标注中的中心标记及中心线的样式；"折断标注"选项卡用于控制折断标注的间距宽度；"弧长符号"选项卡用于控制弧长标注中圆弧符号的显示位置；"半径折弯标注"选项卡用于设置折弯（Z字形）半径标注的显示；"线性折弯标注"选项卡用于控制折弯线性标注的显示，当标注不能精确表示实际尺寸时，常将折弯线添加到线性标注中。

③"文字"选项组：用于设置标注文字的外观、位置及对齐方式等。

④"调整"选项组：根据两条尺寸界线之间的空间，设置将标注文字、箭头放置在两尺寸界线内还是外。如果空间允许，AutoCAD 总是把标注文字和箭头放置在两尺寸界线的之内，如果空间不够，则根据本选项组的各项设置放置。

⑤"主单位"选项组：用于设置尺寸标注的主单位和精度，以及为标注文字添加固定的前缀或后缀。

⑥"换算单位"选项组：用于对替换单位进行设置。

⑦"公差"选项组：用于确定标注公差的方式。

三、常用标注尺寸

（一）线性标注

"线性"标注用于标注两点间的垂直、水平距离和指定角度的尺寸。创建线性标注时，可以修改文字内容、文字角度以及尺寸线的角度。用户可通过以下方式调用该命令：

（1）选择菜单栏的"标注"→"线性"标注命令。

（2）在功能区中选择"默认"选项卡的"注释"面板中的"线性"按钮█。

（3）在命令行输入"DIMLINEAR"或"DLI"命令并按下"Enter"键。

执行"线性"标注命令后，根据命令行提示指定第一和第二标注点或按"Enter"键选择标注对象确定标注点。

（二）对齐标注

"对齐"标注是线性标注的一种形式，其尺寸线始终与标注对象保持平行。若标注对象是圆弧，则对齐标注的尺寸线与圆弧的两个端点连接而成的弦保持平行。用户可通过以下方式调用该命令：

（1）选择菜单栏的"标注"→"对齐"标注命令。

（2）在功能区中选择"默认"选项卡的"注释"面板中的"对齐"按钮█。

（3）在命令行输入"DIMALIGNED"或"DAL"命令并按下"Enter"键。

执行"线性"标注命令后，根据命令行提示指定第一和第二标注点或按"Enter"键选择标注对象确定标注点。

（三）基线标注

"基线"标注用于基于上一个标注或选择的标注进行线性标注或角度标注。用户可通过以下方式调用该命令：

（1）选择菜单栏的"标注"→"基线"标注命令。

（2）在命令行输入"DIMBASELINE"或"DBA"命令并按下"Enter"键。

一次基线标注具有相同的标注原点（即第一条尺寸界线的原点）。执行"基线"标注命令，以基线标注的第一条尺寸界线作为原点，然后依次指定第二条尺寸界线的位置，指导完成基线标注序列。

（四）连续标注

"连续"标注用于产生一系列连续的尺寸标注，后一个尺寸标注均把前一个标注的第二条尺寸界线作为它的第一条尺寸界线。用户可通过以下方式调用该命令：

（1）选择菜单栏的"标注"→"连续"标注命令。

（2）在命令行输入"DIMCONTINUE"或"DCO"命令并按下"Enter"键。

执行"连续"标注命令，以基准标注的第二条尺寸界线为起点，再指定第二条尺寸界线的位置，然后依次选择尺寸界线的位置，直到完成连续标注序列。

（五）半径标注

"半径"标注用于标注圆或圆弧的半径。用户可通过以下方式调用该命令：

（1）选择菜单栏的"标注"→"半径"标注命令。

（2）在功能区中选择"默认"选项卡的"注释"面板中的"半径"按钮█。

（3）在命令行输入"DIMRADIUS"或"DRA"命令并按下"Enter"键。

（六）直径标注

"直径"标注用于标注圆或圆弧的直径。用户可通过以下方式调用该命令：

（1）选择菜单栏的"标注"→"直径"标注命令。

（2）在功能区中选择"默认"选项卡的"注释"面板中的"直径"按钮█。

（3）在命令行输入"DIMDIAMETE"或"DDI"命令并按下"Enter"键。

（七）角度标注

"角度"标注用于标注两条不平行的直线之间的角度、圆和圆弧的角度或三点之间的角度。用户可通过以下方式调用该命令：

（1）选择菜单栏的"标注"→"角度"标注命令。

（2）在功能区中选择"默认"选项卡的"注释"面板中的"半径"按钮█。

（3）在命令行输入"DIMANGULAR"或"DAN"命令并按下"Enter"键。

执行"角度"标注命令后，根据命令行提示一次指定第一点、第二点，并确定尺寸线的位置，完成标注角度值。

（八）弧长标注

"弧长"标注用于测量或标注圆弧或多段线弧线段上的距离，在标注文字前面将显示圆弧符号。用户可通过以下方式调用该命令：

（1）选择菜单栏的"标注"→"弧长"标注命令。

（2）在功能区中选择"默认"选项卡的"注释"面板中的"弧长"按钮▉。

（3）在命令行输入"DIMARC"或"DAR"命令并按下"Enter"键。

执行"弧长"标注命令后，根据命令行提示选择弧线段或多段线圆弧段，完成对弧长的标注。

（九）坐标标注

"坐标"标注用于测量并标记当前 UCS 中的坐标点。用户可通过以下方式调用该命令：

（1）选择菜单栏的"标注"→"坐标"标注命令。

（2）在功能区中选择"默认"选项卡的"注释"面板中的"坐标"按钮▉。

（3）在命令行输入"DIMORDINATE"或"DOR"命令并按下"Enter"键。

执行"坐标"标注命令后，根据命令行提示选择要进行坐标标注的点，再用鼠标确认进行 X 值标注还是 Y 值标注即可。

（十）圆心标记

"圆心标记"用于创建圆和圆弧的圆心标记或中心线。用户可通过以下方式调用该命令：

（1）选择菜单栏的"标注"→"圆心标记"命令。

（2）在命令行输入"DIMCENTER"或"DCE"命令并按下"Enter"键。

执行"圆心标记"命令后，根据命令行提示选择要进行圆心标记的圆弧或圆。

（十一）快速标注

"快速"标注用于同时标注多个对象。可以快速建立成组的基线标注和连续标注，也可以标注多个圆和圆弧。

四、综合演练

绘制如图 1.98 所示的图形，并完成尺寸标注。

操作步骤如下：

（一）设置绘图界限和图形单位

参照第一章第二节第二点，此处不再赘述。

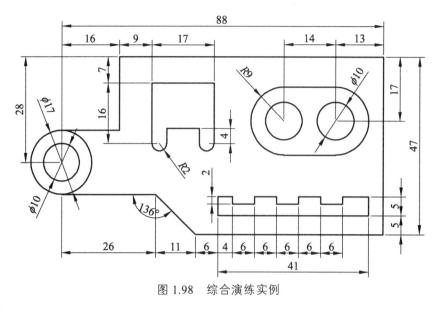

图 1.98 综合演练实例

（二）设置图层

根据第一章第二节第三点内容新建图层，分别设置为"实体层""尺寸标注层"。

（三）绘图

（1）在"实体层"使用"圆"命令和直线命令绘制外轮廓，效果如图 1.99 所示。

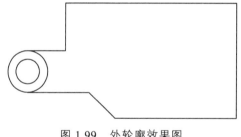

图 1.99 外轮廓效果图

（2）使用"多段线"命令绘制位于图形内左上部和下部的特征图形，效果如图 1.100（a）所示。

（3）使用"圆"和"直线"命令进行绘制，并用"修剪"和"镜像"命令完成图形内部右上部分图形的绘制，如图 1.100（b）所示。

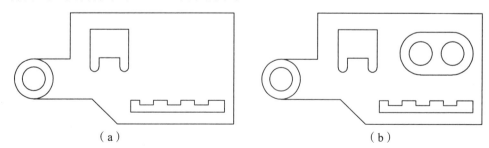

（a）　　　　　　　　　　　　　　　　（b）

图 1.100 图形内部特征绘制效果图

（四）设置标注文字样式、尺寸标注样式

1. 设置标注文字样式

新建文字样式命名为"样式 1"，字体设置为"仿宋"，高度设为"0.0000"，其余不变。将"样式 1"置为当前文本样式。

2. 设置尺寸标注样式

以 ISO-25 作为基准样式，新建标注样式命名为"副本 ISO-25"，具体设置内容如下：

（1）"基线间距"为 5。

（2）"箭头大小"为 2。

（3）"文字样式"选用"样式 1"，并将文字高度设为 2.5。

（4）"文字对齐"设为"与尺寸线对齐"。

（5）"线性标注精度"设为 0。

（6）"副本 ISO-25"设置为当前尺寸标注样式。

（五）标注尺寸

将"尺寸标注层"置为当前图层，使用标注命令对图形进行尺寸标注。

（1）用"直径"标注和"半径"标注命令分别对图上的圆或圆弧对象进行直径标注和半径标注，如图 1.101 所示。

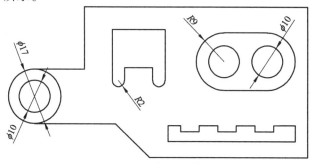

图 1.101　直径标注和半径标注

（2）用"线性"标注命令对图形左下侧的指定点进行线性标注，如图 1.102 所示。

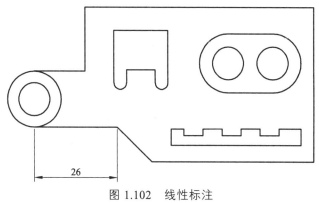

图 1.102　线性标注

（3）用"连续"标注命令，系统自动以上一步的线性标注为基础，对需要标注的位置进行连续标注,如图 1.103 所示。

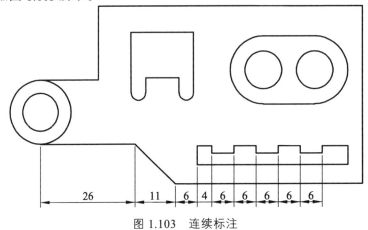

图 1.103　连续标注

(4)类似地,使用"线性"标注、"基线"标注和"连续"标注,完成图上剩余位置距离的标注,如图 1.104 所示。

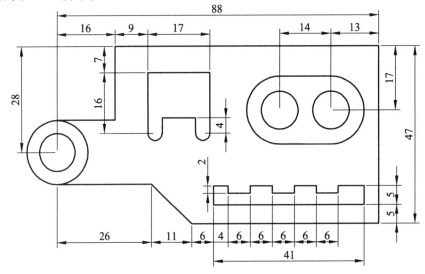

图 1.104　其他位置距离的标注

(5)用"角度"标注命令对图形中左下侧的角进行标注,如图 1.105 所示。

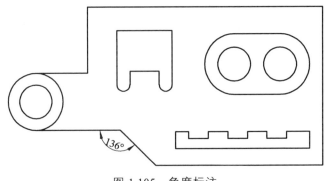

图 1.105　角度标注

（6）至此，该机械图形的标注完成，如图 1.106 所示。使用"保存"命令将该图形保存为"综合演练.dwg"文件。

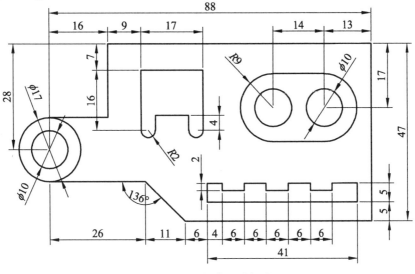

图 1.106 完成尺寸标注

第七节 图形的输入/输出与布局打印

在 AutoCAD 中，可以将图形对象输出为其他对象，也可以将其他对象输入到 AutoCAD 环境中进行编辑。另外，在打印图形对象之前，应设置布局视口、打印绘图仪、打印样式、打印页面等，然后再进行打印。

一、图形的输入与输出

（一）输出图形

在 AutoCAD 中，可以将图形文件（.dwg 格式）以其他文件格式输出并保存，操作方法如下：

（1）选择"输出"选项卡下的"输出为 DWF/PDF"面板中相应的选项按钮，如图 1.107 所示。

图 1.107 "输出"选项卡

（2）单击"应用程序"按钮 ，在其下拉菜单中选择"输出"命令，选择要输出的文件格式即可，如图 1.108 所示。

图 1.108　选择"输出"命令

（3）在命令行输入"EXPORT"或"EXP"命令并按"Enter"键。

执行"输出"命令后，将弹出"输出数据"对话框，在"文件类型"下拉列表中选择文件的输出类型，如图元文件、ACIS、平板印刷、封装 PS、DXX 提取、位图等，然后单击"保存"按钮，切换到绘图界面，选择需要的格式后按"保存"按钮，如图 1.109 所示。

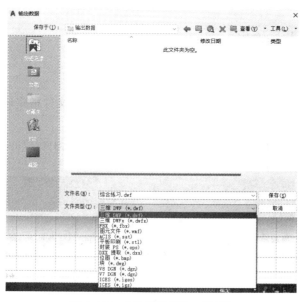

图 1.109　"输出数据"对话框

（二）输入图形

在 AutoCAD 中，可以导入其他格式的文件，操作方法如下：

（1）选择"插入"选项卡下的"输入"面板的"输入"按钮，如图 1.110 所示。

图 1.110　选择"输入"按钮

（2）类似于输出图形，单击"应用程序"按钮，在其下拉菜单中选择"输入"命令。

（3）在命令行输入"IMPORT"或"IMP"命令并按"Enter"键。

执行"输入"命令后，将弹出"输入文件"对话框，如图 1.111 所示。

图 1.111　"输入文件"对话框

二、图纸的布局

在 AutoCAD 中，可对图形进行布局打印。用户可以创建多种布局，每种布局都代表一张要单独打印的图纸。

（一）模型空间与图纸空间

1. 模型空间

模型空间是完成绘图和设计工作的工作空间，绘制的模型比例为 1:1。在模型空间，可以将绘图区域拆分成两个或多个相邻的矩形视图，称为模型空间视口。模型空间具有以下特征：

（1）在模型空间中，可以绘制全比例的二维图形和三维模型，并带有尺寸标注。

（2）在模型空间中，每个视口都包含对象的一个视图。例如，设置不同的视口会得到俯视图、正视图、侧视图和立体图等。

（3）用"VPORTS"命令可以创建视口和进行视口设置，还可以将其保存起来，以备后用。

（4）视口是平铺的，它们不能重叠，且总是彼此相邻的。

（5）总是只有一个视口处于激活状态，十字光标只能出现在一个视口中，并且也只能编辑该活动的视口（平移、缩放等）。

（6）只能打印活动的视口；如果将 UCS 图标设置为 ON，该图标就会出现在每个视口中。

（7）系统变量 MAXACTVP 决定了视口数量的范围是 2~64。

2. 图纸空间

图纸空间是以布局的形式使用的。一个图形文件可以包含多个布局，每个布局代表需要单独打印输出的图纸，主要用于创建最终的打印布局，而不用于绘图或设计工作。图纸空间有如下特征：

（1）"VPORTS""PS""MS""VPLAYER"命令处于激活状态（只有激活"MS"命令，才能使用"PLAN""VPOINT""DVIEW"命令）。

（2）视口的边界是实体，可以删除、移动、缩放、拉伸视口。

（3）视口的形状没有限制。例如，可以创建圆形视口、多边形视口或对象等。

（4）视口不是平铺的，可以用各种方法将它们重叠、分离。

（5）每个视口都在创建它的图层上，视口边界与图层的颜色相同，但边界的线型总是实线。如果出图时不想打印视口，将其单独置于一个图层上冻结即可。

（6）可以同时打印多个视口。

（7）十字光标可以不断延伸，可以穿过整个图形屏幕，且与每个视口无关。

（8）可以通过"MVIEW"命令打开或关闭视口；可用"SOLVIEW"命令创建视口或用"VPORTS"命令恢复在模型空间中保存的视口。

（9）在打印图形前需要隐藏三维图形的隐藏线时，可以使用"MVIEW"命令并选择"隐藏（H）"选项，然后拾取要隐藏的视口边界即可。

（10）系统变量 MAXACTVP 决定了活动状态下的视口数量是 64 个。

（二）新建布局

在新建图形时，AutoCAD 会自动建立一个"模型"选项卡和两个"布局"选项卡。"模型"选项卡不能删除，也不能重命名；"布局"选项卡用来编辑打印图形的图纸，没有个数限制，也可重命名。

1. 使用样板新建布局

在 AutoCAD 2018 中，用户可通过系统提供的样板新建布局。它基于样板、图形或图形交换文件中出现的布局来创建新的布局选项卡。用户可通过以下几种方式新建布局：

（1）右键单击绘图区域底部"模型"处，从弹出的快捷菜单中选择"从样板"命令。

（2）在命令行中输入"LAYOUT"命令并按"Enter"键，选择"样板（T）"选项。

执行"样板（T）"命令后，弹出"从文件选择样板"对话框，如图 1.112 所示。在文件列表中选择相应的样板文件，并依次单击"打开"和"确定"按钮，即可通过选择的样板文件创建新的布局。

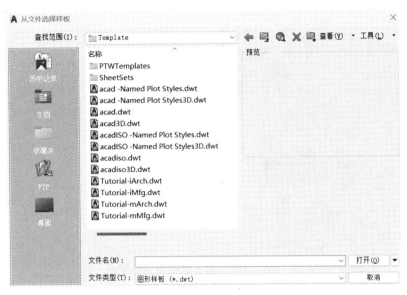

图 1.112　使用样板新建布局

2. 使用布局向导新建布局

在命令行输入"LAYOUTWIZARD"命令，或依次选择"插入"→"布局"→"创建布局向导"选项，将弹出"创建布局"对话框。此时可按照布局向导的方式新建布局，包括输入新布局的名称、设置打印机、设置图纸尺寸、设置方向、定义标题栏、定义视口、定义拾取位置等，如图 1.113 所示。

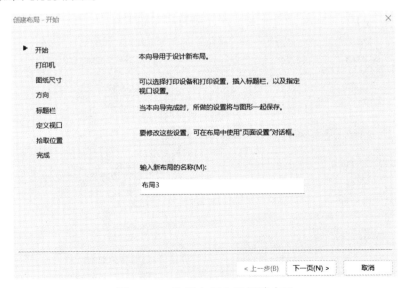

图 1.113　使用布局向导新建布局

三、布局的页面设置

在 AutoCAD 2018 中，可以使用"页面设置"对话框来设置打印环境。选择"文件"→
"页面设置管理器"命令，打开"页面设置管理器"对话框，如图 1.114 所示。各选项的功
能如下：

图 1.114 "页面设置管理器"对话框

（1）"页面设置"列表框：列举当前可以选择的布局。

（2）"置为当前"按钮：将选中的布局设置当前布局。

（3）"新建"按钮：单击该按钮，可打开"新建页面设置"对话框，可从中新建布局。

（4）"修改"按钮：修改选中的布局。

（5）"输入"按钮：打开"从文件选择页面设置"对话框，可以选择已经设置好的布局
设置。

当在"页面设置管理器"对话框中选择一个布局后，单击"修改"按钮将打开"页面设
置"对话框，如图 1.115 所示。其中主要各选项的功能如下：

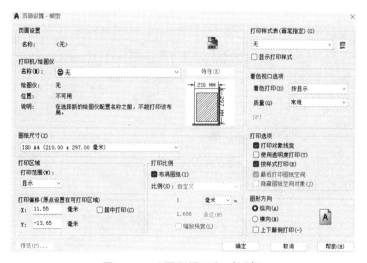

图 1.115 "页面设置"对话框

（1）"打印机/绘图仪"选项组：指定打印机的名称、位置和说明。在"名称"下拉列表框中，可以选择当前配置的打印机。如果要查看或修改打印机的配置信息，可单击"特性"按钮，在打开"绘图仪配置编辑器"对话框中进行设置。

（2）"图纸尺寸"选项组：指定图纸的尺寸大小。

（3）"打印区域"选项组：设置布局的打印区域。在"打印范围"下拉列表框中，可以选择要打印的区域，包括布局、视图、显示和窗口。默认设置为布局，表示针对"布局"选项卡，打印图纸尺寸边界内的所有图形，或表示针对"模型"选项卡，打印绘图区中所有显示的几何图形。

（4）"打印偏移"选项组：显示相对于介质源左下角的打印偏移值的设置。在布局中可打印区域的上下角点由图纸的左下边距决定，用户可以在"X"和"Y"文本框中输入偏移量。如果选中"居中打印"复选框，则可以自动计算输入的偏移值以便居中打印。

（5）"打印比例"选项组：设置打印比例。

（6）"着色视口选项"选项组：指定着色和渲染视口的打印方式，并确定它们的分辨率大小和 DPI（点每英寸）值。

（7）"打印选项"选项组：设置打印选项，如打印线宽、显示打印样式和打印几何图形的次序等。

（8）"图形方向"选项组：指定图形方向是横向还是纵向。选中"上下颠倒打印"复选框，还可以指定图形在图纸页上颠倒打印，相当于旋转 180°后打印。

四、打印出图

创建完图形之后，通常要打印到图纸上，也可以生成一份电子图纸，以便从互联网上进行访问。打印的图形可以包含图形的单一视图，或者更为复杂的视图排列。根据不同的需要，可以打印一个或多个视口，或设置选项以决定打印的内容和图像在图纸上的布置。

（一）打印预览

在打印输出图形之前可以预览输出结果，以检查设置是否正确。预览输出常用的方式有以下几种：

（1）点击功能区中"输出"选项卡的"打印"面板上的"预览"按钮 。

（2）应用程序菜单中的"打印"→"打印预览"选项。

（3）点击菜单栏下拉列表中的"打印预览"命令。

（4）在命令行中输入"PREVIEW"命令并按下"Enter"键。

AutoCAD 将按照当前的页面设置、绘图设备设置及绘图样式表等在屏幕上绘制最终要输出的图纸。在预览窗口中，光标变成了带有加号和减号的放大镜形状，向上拖动光标可以放大图像，向下拖动光标可以缩小图像。要结束全部的预览操作，可直接按"Esc"键。

（二）输出图形

在 AutoCAD 2018 中，可以使用"打印"对话框打印图形。当在绘图窗口中选择一个布局选项卡后，选择"文件"→"打印"命令打开"打印"对话框，如图 1.116 所示。

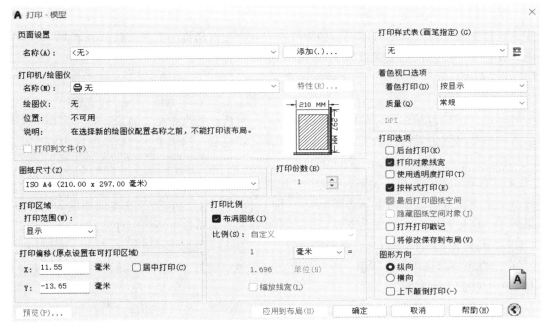

图 1.116 "打印"对话框

"打印"对话框中的内容与"页面设置"对话框中的内容基本相同，还可以设置其他选项。

（1）"页面设置"选项组的名称下拉列表框：可以选择打印设置，并能够随时保存、命名和恢复"打印"和"页面设置"对话框中的所有设置。单击"添加"按钮，打开"添加页面设置"对话框，可以从中添加新的页面设置。

（2）"打印机/绘图仪"选项组中的"打印到文件"复选框：选中的可以指示将选定的布局发送到打印文件，而不是发送到打印机。

（3）"打印份数"文本框：可以设置每次打印图纸的份数。

（4）"打印选项"选项组中，选中"后台打印"复选框，可以在后台打印图形；选中"将修改保存到布局"复选框，可以将打印对话框中改变的设置保存到布局中；选中"打开打印戳记"复选框，可以在每个输出图形的某个角落上显示绘图标记，以及生成日志文件。

各部分都设置完成之后，在"打印"对话框中单击"确定"按钮，AutoCAD 将开始输出图形并动态显示绘图进度。如果图形输出时出现错误或要中断绘图，可按"Esc"键，AutoCAD 将结束图形输出。

思考与实例练习

1. 在 AutoCAD2018 中，设置绘图环境：

（1）将图形单位设置为"mm"；

（2）将图形界限设置为 A3 纸图幅大小。

2. 在 AutoCAD2018 中，命令的重做有哪些方法？

3. 简述图层的作用，并简述如何设置图层。

4. 用适当的绘图命令和修改命令绘制接地符号和二极管符号。

5. 试用"表格"命令绘制课程设计简化标题栏，如图 1.117 所示。

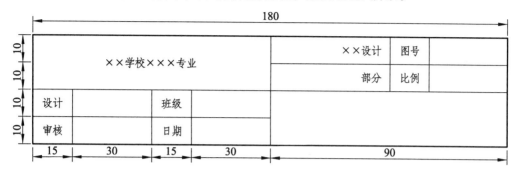

图 1.117　课程设计简化标题栏

6. 试用多段线命令绘制箭头。

第二章 电气 CAD 工程制图基础

本章将介绍电气 CAD 工程制图中相关的基础知识，包括电气工程图的制图标准、电气图的分类及特点、电气图的基本表示方法、电气图的项目代号等。

第一节　电气工程 CAD 制图标准

根据国家标准《电气工程 CAD 制图规则》（GB/T 18135—2008）的规定，图样必须遵守设计和施工部门的格式和规定。为了尽量避免工作中可能产生的差错，电气工程设计部门必须按照国家标准设计、绘制图样，施工单位则按图样组织施工。

一、图纸幅面与格式

（一）图纸幅面尺寸

图纸幅面尺寸即为图纸的大小。为了使图纸规范统一，便于使用和保管，在绘制技术图样时，应优先选用 A0~A5 五种基本幅面，其尺寸如表 2.1 所示。

表 2.1　基本幅面尺寸　　　　　　　　　　　　单位：mm

项目	A0	A1	A2	A3	A4
长×宽	841×1 189	594×841	420×594	297×420	210×297
不留装订边边宽（e）	20	20	10	10	10
留装订边边宽（c）	10	10	10	5	5
装订侧边宽（a）	25	25	25	25	25

若基本幅面不能满足要求，可按规定适当加大图幅，即可由基本图幅的短边的整数倍增大图幅，如图 2.1 中虚线所示。

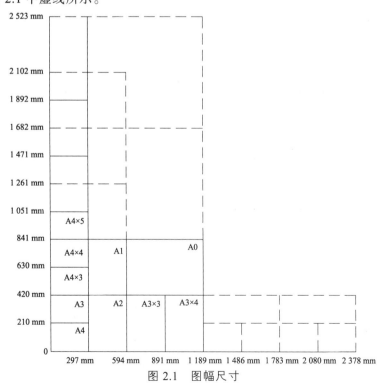

图 2.1　图幅尺寸

（二）图框格式

1. 图框尺寸

图框分为内框和外框。外框即为图纸的边缘，其尺寸为表 2.1 和图 2.1 中规定的尺寸。内框格式分为不留装订边和留有装订边两种，其尺寸为外框尺寸减去相应的"a""c""e"的值，如表 2.1 和图 2.2 所示。

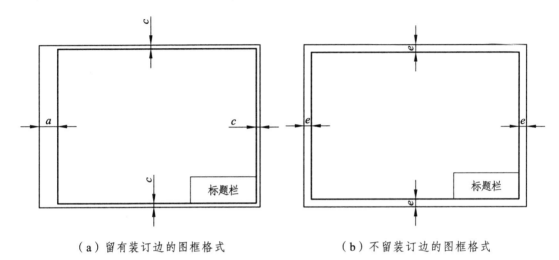

（a）留有装订边的图框格式　　　　　　（b）不留装订边的图框格式

图 2.2　图纸的图框线

2. 图框线宽

图框线宽即图幅内框的线宽，根据不同的图幅，不同输出设备，对应的内框线宽如表 2.2 所示，而外框线宽均为 0.25 mm 的实线。

表 2.2　图幅内框线宽　　　　　　　　单位：mm

幅　　面	绘图机类型	
	喷墨绘图机	笔式绘图机
A0、A1 及其加长图	1.0 mm	0.7 mm
A2、A3、A4 及其加长图	0.7 mm	0.5 mm

（三）标题栏

（1）标题栏的位置。若标题栏的长边置于水平方向并与图纸长边平行，称为 X 型图纸；若标题栏的长边与图纸长边垂直，则称为 Y 型图纸。无论是 X 型还是 Y 型图纸，其标题栏都应位于图面的右下角，且标题栏的看图方向应与图纸的看图方向一致。

（2）国内工程设计通用标题栏的基本信息及尺寸，如图 2.3 所示。

（3）标题栏图线。标题栏外框线为 0.5 mm 的实线，内分格线为 0.2 mm 的实线。

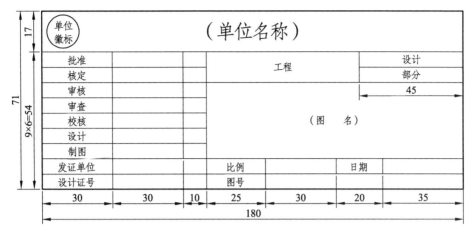

（a）设计通用标题栏（A0～A1）

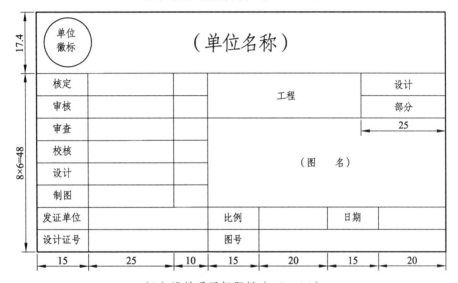

（b）设计通用标题栏（A2～A4）

图2.3 设计通用标题栏格式

（四）图幅分区

为了方便读图和检索，需要一种确定图上位置的方法以便进行图幅分区，如图2.4所示。

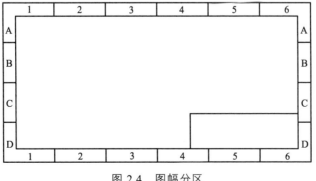

图2.4 图幅分区

在图的边框处，竖边方向从上到下用大写拉丁字母编号，横边方向从左至右用阿拉伯数字编号；分区数必须是偶数；每一分区的长度为 25～75 mm，或根据功能不均匀分配。当分区数超过拉丁字母总数时，超过的各区用双重字母依次编写，如 AA、BB、CC 等。

图幅分区后，相当于建立了一个坐标，分区代号用该区域字母和数字表示，字母在前，数字在后，如 B3、C4 等。

二、图线

电气图中的各种线条称为图线。

（1）线宽。根据用途不同，图线宽度一般从下列线宽中选用：0.18 mm、0.25 mm、0.35 mm、0.5 mm、0.7 mm、1.0 mm、1.4 mm、2.0 mm。

（2）图形对象的线宽应尽量不多于两种，每两种线宽间的比值应不小于 2。

（3）图线间距。平行线之间的最小间距不小于粗线宽度的 2 倍，建议不小于 0.7 mm。

（4）图线形式。用不同的线型表示不同的结构含义，常用线型一般有以下 6 种，如表 2.3 所示。

表 2.3　常用图线

代号	图线名称	图线形式	应用范围
A	粗实线	▬▬▬▬	一次线路、轮廓线、过渡线
B	细实线	——	二次回路、一般线路、边界线、剖面线
F	虚线	- - - -	屏蔽线、机械连接线
G	细点画线	-·-·-·	辅助线、轨迹线、控制线
J	粗点画线	▬·▬·▬	表示线、特殊的线
K	双点画线	-··-··-	轮廓线、中断线

三、字体

（一）书写要求

图样中书写的汉字、字母和数字，都必须做到"字体工整、笔画清楚、间隔均匀、排列整齐"，且图样中字体取向（边框内图示的实际设备的标记或标识除外）采用从文件底部和从右面两个方向来读图的原则。

（二）字体的选择

汉字字体一般为仿宋简体，拉丁字母、数字字体应为 ROMANS.SHX（罗马体），希腊字母字体为 GREEKS.SHX。图样及表格中的文字通常采用直体字书写，也可写成斜体和直体。斜体字字头向右倾斜，与水平基准线成 75°。

（三）字号

常用的字号（字高）共有 20 mm、14 mm、10 mm、7 mm、5 mm、3.5 mm、2.5 mm 七种。汉字的高度 h 不应小于 3.5 mm，数字、字母的高度 h 不应小于 2.5 mm，字宽一般为 $h/\sqrt{2}$。如需要书写更大的字，其字体高度应按 $\sqrt{2}$ 的比率递增。表示指数、分数、极限偏差、注脚等的数字和字母，应采用小一号的字体。不同情况字符高度如表 2.4、表 2.5 所示。

表 2.4　最小字符高度　　　　　　　　　　　　　　　　单位：mm

图幅	A0	A1	A3	A3	A4
汉字	5	5	3.5	3.5	3.5
数字和字母	3.5	3.5	2.5	2.5	2.5

表 2.5　不同文本的字高字宽　　　　　　　　　　　　　单位：mm

文本类型	中文		字母或数字	
	字高	字宽	字高	字宽
标题栏图名	7～10	5～7	5～7	3.5～5
图形图名	7	5	5	3.5
说明抬头	7	5	5	3.5
说明条文	5	3.5	3.5	2.5
图形文字标注	5	3.5	3.5	2.5
图号和日期	5	3.5	3.5	2.5

（四）表格中的数字

带小数的数值，按小数点对齐；不带小数的数值，按个位数对齐。

四、比例

电气图中所画的图形符号与实际设备的尺寸大小不同，图形符号的大小与实物大小的比值称为比例。在电气图中，多数图形符号都不是按照比例绘制的，但电气工程图中的设备布置图、安装图一般按比例绘制。技术图中推荐使用的比例如表 2.6 所示。

电气工程图的常用比例是 1：500、1：200、1：100、1：60、1：50，而大图样的比例可用 1：20、1：10、1：5。无论采用缩小还是放大的比例绘图，图中所标注的尺寸均为电气元件的实际尺寸。

原则上同一张图样上的各个图应采用相同的比例绘图，并在标题栏中的"比例"一栏中填写绘图比例。比例符号以"："表示。当某个图形需要采用不同的比例绘制时，可在视图名称的下方以分数形式标出该图形所采用的比例。

表 2.6　常用比例

类别	常用比例			
放大比例	2：1	2：1	2：1	2：1
	$2 \times 10^n：1$	$2.5 \times 10^n：1$	$4 \times 10^n：1$	$5 \times 10^n：1$
原值比例	1：1			
缩小比例	1：1.5	1：2	1：2.5	1：3
	$1：1.5 \times 10^n$	$1：2 \times 10^n$	$1：2.5 \times 10^n$	$1：3 \times 10^n$
	1：4	1：5	1：6	1：10
	$1：4 \times 10^n$	$1：5 \times 10^n$	$1：6 \times 10^n$	$1：10 \times 10^n$

五、注释与详图

（一）注释

当用图形符号表达不清楚或某些含义不便使用图形符号表达时，可在图上加注释进行说明。注释可采用两种方式：一是直接放在所要说明的对象附近；二是在所要说明的对象附近加标记，而将注释放在图中其他位置或另一页。当图中出现多个注释时，应将这些注释按编号放在与其内容相关的图纸上。注释方法采用文字、图形、表格等形式，其目的是把对象表达清楚。

（二）详图

详图实质是用图形来注释，就是把电气装置中某些零部件和连接点等结构、做法及安装工艺要求进行放大并详细表达出来。详图可放在要详细表示对象的图上，也可放在另一张图上，但必须要用同一标志把它们联系起来。

第二节　电气图的分类及特点

一、电气图的分类

电气工程图的使用非常广泛，为了清楚地表示电气工程的功能、原理、安装和使用方法等，需要采用不同种类的电气图进行说明。根据表达形式和工程内容的不同，电气图主要有以下种类。

（一）电气系统图

电气系统图主要用于表示整个工程或其中某一项目的供电方式和电能输送关系，也可表示某一装置各主要组成部分的关系，如电气一次主接线图、建筑供配电系统图、控制原理图等。

（二）电路原理图

电路原理图主要表示某一系统或装置的工作原理，如机床电气原理图、电动机控制回路图、继电保护原理图等。

（三）安装接线图

安装接线图主要表示电气装置内部各元器件之间以及其他装置之间的连接关系，用于设备的安装、调试及维护。

（四）电气平面图

电气平面图主要表示某一电气工程中的电气设备、装置和线路的平面布置，一般是在建筑平面的基础上绘制出来的。常见的电气平面图有线路平面图、变电所平面图、弱电系统平面图、照明平面图、防雷与接地平面图等。

（五）设备布置图

设备布置图用于表示各种设备的布置方式、安装方式以及相互之间的尺寸关系，主要有平面布置图、立面布置图、断面图、纵横剖面图等。

（六）大样图

大样图主要表示电气工程某一部件的结构，用于指导加工与安装，其中一部分大样图为国家标准图。

（七）产品使用说明书用电气图

对于电气工程中选用的设备和装置，其生产厂家往往在产品使用说明书上附有电气图。

（八）设备元器件和材料表

设备元器件和材料表是把某一电气工程中用到的设备、元器件和材料以表格的形式列出，来表示其名称、符号、型号、规格和数量等。

（九）其他电气图

在电气工程中，电气系统图、电路原理图、安装接线图和设备布置图是最主要的图。在一些较复杂的电气工程中，为了补充和详细说明某一方面，还需要一些特殊的电气图，如逻辑图、功能图、曲线图和表格等。

二、电气图的特点

电气图是电气工程中各部门进行沟通、交流的信息载体。电气图表达的对象不同，提供信息的类型及表达方式也不同，因此电气图通常具有如下特点：

（1）简图是电气图的主要表现形式。简图是采用标准的图形符号和带注释的框或者简化外形表示系统或设备中各组成部分之间相互关系的一种图，绝大多数电气图采用简图形式。

（2）元件和连接线是电气图描述的主要内容。电气设备主要由电气元件和连接线组成，都是以电气元件和连接线作为描述的主要内容。也正因为对电气元件和连接线有多种不同的描述方法，所以电气图具有多样性。

（3）图形符号、文字符号和项目代号是电气图的基本要素。一个电气系统或装置通常由许多部件、组件构成。这些部件、组件或者功能模块称为项目。项目一般由简单的符号表示，这些符号就是图形符号，通常每个图形符号都有相应的文字符号。在同一张图上，为了区分相同型号的设备，需要有设备编号，设备编号和文字符号一起构成项目代号。

（4）电气图具有多样性。在某个电气系统或电气装置中，各种元件、设备、装置之间从不同角度、不同侧面去考察，存在着不同的关系，一般构成四种物理流：

① 能量流：表征电能的流向和传递。

② 信息流：表征信号的流向、传递和反馈。

③ 逻辑流：表征相互之间的逻辑关系。

④ 功能流：表征相互之间的功能关系。

在电气技术领域中，往往需要从不同目的出发，对上述四种物理流进行研究和描述，而作为描述这些物理流的工具之一的电气图，就需采用不同的形式。这些不同的形式从本质上揭示了各种电气图的内在特征和规律。

第三节　电气图的基本表示方法

一、电气图布局方法

电气图是用图形符号、带注释的围框或简化外形表示电气系统或设备的组成及其连接关系的一种图。电气图布局主要包括以下两个方面。

（一）图线的布局

电气图的图线一般用于表示导线、信号通路、连接线等，图线一般为直线，应横平竖直，尽可能减少交叉和弯折。图线的布局通常有以下 3 种形式：

（1）水平布局：将设备和元件按行布置，使得其连接线一般呈水平布置。

（2）垂直布局：将设备或元件按列排列，连接线成垂直布置。

（3）交叉布局：将相应的元件连接成对称的布局。

（二）元件的布局

1. 功能布局法

功能布局法是指绘图时只考虑元件间功能关系，而不考虑实际位置的一种布局方法。在此布局中，将表示对象划分为若干功能组，按照一定功能关系从左到右或从上到下布置，每个功能组的元件应集中布置在一起，并尽可能按工作顺序排列。大部分电气图为功能图，如系统图、电路图等，布局时遵守的原则如下：

（1）布局顺序应是从左到右或从上到下。

（2）如果信息流或能量流从右到左或从上到下，或流向对看图都不明显时，应在连接线上画开口箭头。开口箭头不应与其他符号相邻近。

（3）在闭合电路中，前向通路上的信息流方向应该是从左到右或从上到下，反馈通路的方向则相反。

（4）图的引入线及引出线最好画在图样边框附近。

2. 位置布局法

位置布局法是指电气图中元件符号的布局对应于该元件实际位置的布局方法。此布局可以看出元件的相对位置和导线的走向。接线图、设备布置图及平面图通常采用这种布局方法。

二、线路的表示方法

电气图中线路的表示方法主要有多线表示法、单线表示法和混合表示法。

（一）多线表示法

将每根连接线或导线各用一条图线表示的方法称为多线表示法。多线表示法一般用于表示各相或各线内容不对称、需要详细表示各相或各线的具体连接方法的场合。但是由于多线表示法的图线较多，特别是对于比较复杂的设备，线的交叉更多，反而会使图形显得繁杂且不容易读懂，不利于工程技术人员施工。

（二）单线表示法

只用一根图线表示两根及以上的连接线的表示法称为单线表示法。该表示法主要用于三相电路或各线基本对称的电路图。

（三）混合表示法

混合表示法是在电路图中将多线表示法和单线表示法混合使用的方法。

三、元件的表示方法

电气图中元件的表示方法主要有集中表示法、半集中表示法、分开表示法和重复表示法。

（一）集中表示法

集中表示法是指将设备或成套装置中一个元件各组成部分的图形符号在简图上绘制在一起的方法。各组成部分用机械连接线（虚线）互相连接起来，连接线必须为直线，如图 2.5（a）所示。集中表示法适用于原理简单的图。

（二）半集中表示法

为了使设备和装置的电路布局清晰，易于识图，将一个元件中某些部分的图形符号在简图上分开布置,并用机械连接符号表示各部分之间关系的方法。机械连接线可以弯折、分支和交叉,如图 2.5(b)所示。与分开表示法相比,半集中表示法不适用于复杂程度很高的电气图。

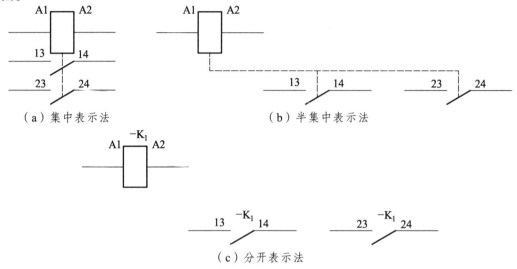

图 2.5　元件中功能相关部分表示法示例

（三）分开表示法

分开表示法是把一个元件中某些部分的图形符号,在简图上分开布置,并仅用同一个项目代号表示各部分之间关系,以清晰表示电路布局,如图 2.5(c)所示。分开表示法与采用集中表示法或半集中表示法的图给出的信息量要等量。该表示法最容易使读者理解电路的功能。

（四）重复表示法

重复表示法是把一个复杂元件(通常用于有电功能联系的元件,例如用含有公共控制框或公共输出框的符号表示的二进制逻辑元件)示于图上的两处或多处的表示方法,同一项目代号表示是同一个元件。

四、元件触头位置和工作状态的表示方法

（一）元件触头位置

（1）接触器、电继电器、开关、按钮等的触头符号,在同一电路中,在加电或受力后,各触头符号的动作方向应取向一致,当触头具有保持、闭锁和延时功能的情况下更需如此。

（2）对非电和非人工操作的触头,必须在其触头符号附近标明运行方式,用图形、操作器件符号及注释、标记和表格表示。

（二）元件工作状态的表示方法

电气工程图中元件、器件和设备的可动部分通常应表示在非激励或不工作的状态或位置,

具体如下：

（1）继电器和接触器应表示在非激励的状态，图纸的触头状态应表示在非受电的状态。

（2）断路器、负荷开关和隔离开关表示在断开位置。

（3）带零位的手动控制开关表示在零位置，不带零位的手动控制开关应表示在图中规定的位置。

（4）温度继电器、压力继电器表示在常温和常压（一个大气压）状态。

（5）机械操作开关的工作状态与工作位置的对应关系，一般应表示在其触头符号的附近，或另附说明。

五、连接线的表示方法

（一）一般规定

（1）非位置布局电气简图的连接线应尽量采用直线，并减少交叉和折弯，从而提高简图的可读性。如遇对称布图或改变相序的情况，可采用斜线，如图 2.6 所示。

（2）电气简图的连接线用实线表示，表示计划扩展的连接线用虚线表示。

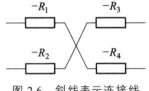

图 2.6　斜线表示连接线

（3）一般来说，同一张电气图中的所有的连接线应具有相同的线宽，具体线宽在第二章第一节第二点中已有说明。但有时为了突出和区分某些重要电路，连接线可采用不同的线宽。

（二）连接线的标记

连接线的标记符号置于水平连接线的上方或垂直连接线的左边，若连接线有中断，则将标记置于中断处。

（三）连接线的中断表示法

如果连接线需要穿越较大部分幅面或稠密区域时，为了图面清晰，允许连接线中断，但要在中断处加上相应的标记。

同一张图纸上绘制中断线的方法如图 2.7 所示。如在同一张图中有两条及以上的中断线，必须用不同的标记将每一条中断线加以区分，例如用不同的大写字母来表示。一组平行的连接线也可中断，如图 2.8 所示。

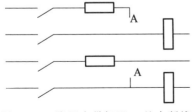

A	A
B	B
C	C
D	D

图 2.7　一张图中带标记 A 的中断线　　　　图 2.8　平行线组的中断

当某一复杂电路需要多张图纸来呈现时，连接在两张图纸上的连接线应化成中断的形式，并在中断处注明图号、张次、图幅分区代号等标记，如图 2.9 所示。

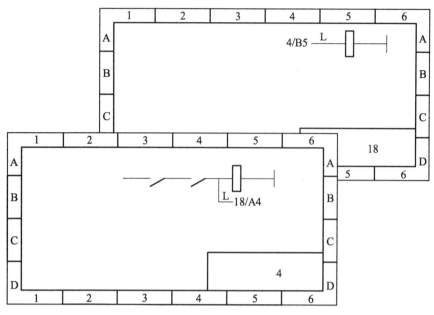

图 2.9　两张图纸上中断线的表示及标注

（四）连接线的接点

连接线的连接点有"T"形和"十"字形两种。"T"形连接点处无论有无实心圆点，都表示接通，如图 2.10（a）、（b）所示；而"十"字形连接点处必须加实心圆点表示接通，否则表示没有接通，只是线缆之间的跨接，如图 2.10（c）、（d）所示。

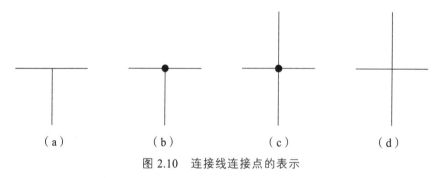

图 2.10　连接线连接点的表示

第四节　电气图的项目代号

项目代号是用于识别图、表图、表格和设备上的项目种类，并提供项目的层次关系、实际位置等的一种特定的代码。

一、项目代号的组成

项目代号由拉丁字母、阿拉伯数字、特定的前缀符号按照一定的规则组合而成。一个完整的项目代号包含以下四个带号段：

（1）高层带号段：指系统或设备中任何较高层次（对给予代号的项目而言）项目的代号。前缀符号为"="。

（2）种类代号段：用以识别项目种类的代号，称为种类代号，其前缀符号为"-"。种类代号段是项目代号的核心部分，其字母代码必须是标准中规定的文字符号，例如，"-K_1"表示第 1 个继电器 K，"-QS_3"表示第 3 个隔离开关 QS。

（3）位置代号段：是指项目在组件、设备、系统或建筑物中的实际位置的代号。前缀符号为"+"。例如：105 室 B 列机柜第 3 号机柜的位置代号可表示为"+105+B+3"。

（4）端子代号段：端子代号是指用以同外电路进行电气连接的导电件的代号。前缀符号是":"。例如，继电器 K_4 的 B 号端子，可标记为"-K_4:B"。

项目代号是用来识别项目的特定代码，一个项目可由一个代号段组成（较简单的电气图只需要标注种类代号或高层代号），也可由几个代号段组成。例如：S_1 系统中的开关 Q_4，在 H84 位置中，其中的 A 号端子，可标记为"+H84 = S_1 - Q_4:A"。

二、项目代号的标注方法

（1）采用集中和半集中表示法绘制的元件，其项目代号只在符号旁标注一次并与机械连接线对齐。

（2）采用分开表示法绘制的元件，其项目代号应在项目的每一部分的符号旁标注。

（3）项目代号的标注位置应尽量靠近图形符号的上方，尤其是项目代号的第 3 段（种类代号段）靠近符号的中心。

（4）当电路水平布置时，项目代号标在符号的上方；当电路垂直布置时，项目代号标注在符号的左侧。项目代号水平书写，从左到右或从上到下。

（5）项目代号中的端子代号标在端子或端子位置的旁边。

（6）对于画有围框的功能单元和结构单元，其项目代号需要标注在围框的上方或左方。

（7）大多数情况下，项目代号中的高层代号可以标注在标题栏内或图纸的上方，简化符号旁项目代号的标注。

思考与实例练习

1. 绘制有装订边的 A3 图纸的图框。
2. 简述电气图的布局方法。
3. 电气简图中元件的表示方法有哪些？
4. 电气简图中连接线的表示方法有哪些？
5. 什么是项目代号？项目代号包括哪几部分？

第三章　常用电气元件的识图与制图

根据最新国家标准《电气简图用图形符号》（GB/T 4728—2022）绘制的电气工程图是各类电气工程技术人员进行沟通、交流的共同语言。通过识图与制图，可以了解各电器元件之间的相互关系以及电路工作原理，为正确安装、调试、维修及管理提供可靠的保证。

第一节　电气图识图与制图基础

一、电气图识图顺序

在阅读电气工程图纸时，应按照以下顺序进行：

（1）标题栏及图纸目录。了解工程名称、项目内容、设计日期及图纸内容、数量等。

（2）设计说明。了解工程概况、设计依据等，了解图纸中未能表达的各有关事项。

（3）设备材料表。了解工程中所使用的设备、材料的型号、规格和数量。

（4）系统图。了解系统基本组成，主要电气设备、元件之间的连接关系以及它们的规格、型号、参数等，掌握该系统的组成概况。

（5）平面布置图，如照明平面图、插座平面图、防雷接地平面图等。了解电气设备的规格、型号、数量及电路的起始点、敷设部位、敷设方式和导线根数等。

（6）控制原理图。了解系统中电气设备的电气自动控制原理，以指导设备安装调试工作。

（7）安装接线图。了解电气设备的布置与接线。

（8）安装大样图。了解电气设备的具体安装方法、安装部件的具体尺寸等。

二、图形符号的使用规则

电气制图中选用图形符号时，应遵守以下使用规则：

（1）图形符号的大小和方位可根据图面布置确定，但不应改变其含义，而且符号中的文字和指示方向应符合读图要求。

（2）在绝大多数情况下，符号的含义由其形式决定，而符号大小和图线的宽度一般不影响符号的含义。有时为了强调某些方面，或者为了便于补充信息，允许采用不同大小的符号，改变彼此有关的符号尺寸，但符号间及符号本身的比例应保持不变。

（3）符号方位不是强制的。在不改变符号含义的前提下，符号可根据图面布置的需要旋转或成镜像放置。

（4）在同一张电气图中只能选用一种图形形式，图形符号的大小和线条粗细应基本一致。

（5）导线符号可以用不同宽度的线条表示，以突出或区分某些电路、连接线等。

（6）图形符号中一般没有端子符号，如果端子符号是符号的一部分，则必须画出。

（7）对于图形符号中的文字符号、物理量符号，应视其为图形符号的组成部分。当这些符号不能满足时，可再按有关标准加以充实。

（8）图形符号上一般都画有引线。在不改变符号含义的原则下，引线可取不同方向。在某些情况下，可对引线符号的位置不加限制；当引线符号的位置影响符号的含义时，必须按规定绘制。

（9）图形符号均是按无电压、无外力作用的正常状态表示的。

第二节　常用电气元件的识图

在绘制电气图时，所有电气设备和电气元件都应使用国家统一标准符号，当没有国际标准符号时，可采用国家标准或行业标准符号。要想看懂电气图，就应了解各种电气符号的含义、标准原则和使用方法，充分掌握图形符号和文字符号所提供的信息，才能正确地识图。电气符号主要包括图形符号、文字符号、项目代号和回路标号等。

一、常用电气图形符号

电气图纸的常用图形符号如表 3.1 所示，包括电气控制原理图和供电工程图的常用图形符号。所列出的图形符号均按照最新国家标准《电气简图用图形符号》（GB/T 4728—2022）要求绘制，表 3.1 的图形符号源自天正电气软件中的电气图库，以栅格为背景，栅格间距为 2.5 mm，便于绘制时掌握图形符号的尺寸。

表 3.1　常用电气图形符号

图形符号	名称	图形符号	名称
	动合触头 （常开）		动断触头 （常闭）
	接触器的主动合触头		接触器的主动断触头
	断路器		隔离开关
	负荷开关		熔断器
	延时闭合的动合触头		延时断开的动断触头
	自动复位的手动按钮开关 （启动）		自动复位的手动按钮开关 （停止）

续表

图形符号	名称	图形符号	名称
	旋钮开关		热继电器动断触头
	转换开关		插头和插座
	继电器线圈的一般符号		缓慢释放继电器线圈
	缓慢吸合继电器线圈		延时继电器线圈
	双绕组操作器件的组合表示		热继电器的驱动器件
	交流发电机		三相鼠笼式异步电动机
	双速感应电动机		三相绕线转子异步电动机
	双绕组变压器		三绕组变压器
	Y/d连接三相变压器		Y/d连接的具有有载分接开关的三相变压器

图形符号	名称	图形符号	名称
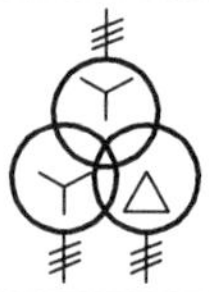	Y/y/d 连接三相变压器		Y 形连接的三相自耦调压器
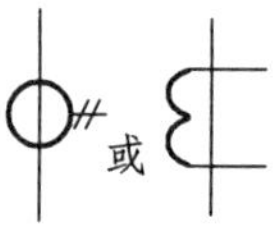	单次级绕组的电流互感器	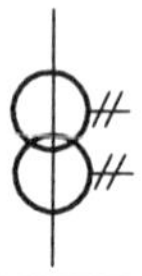	一个铁芯上具有两个次级绕组的电流互感器
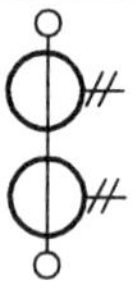	具有两个铁芯，每个铁芯上具有一个次级绕组的电流互感器		电压互感器
	避雷器	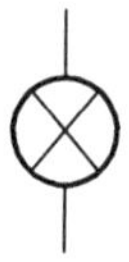	信号灯
	桥式整流器	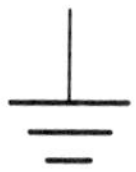	接地
	接通的连接片		断开的连接片
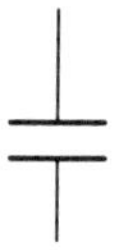	电容器		电阻器
	电抗器		消弧线圈

二、常用电气文字符号

电气技术文字符号在电气图中一般标注在电气设备、装置和元器件图形符号里或者旁边，以表明设备、装置和元器件的名称、功能、状态和特征。

单字母符号用拉丁字母将各种电气设备、装置和元器件分为 23 类，每大类用一个大写字母表示。如用"V"表示半导体器件和电真空器件，用"K"表示继电器、接触器类等。

双字母符号是由一个表示种类的单字母符号与另一个表示用途、功能、状态和特征的字母组成，种类字母在前，功能名称字母在后。如"T"表示变压器类，则"TA"表示电流互感器，"TV"表示电压互感器等。

辅助文字符号基本上是英文词语的缩写，表示电气设备、装置和元件的功能、状态和特征。例如，"启动"采用"START"的前两位字母"ST"作为辅助文字符号。另外，辅助文字符号也可单独使用，如"N"表示交流电源的中性线，"OFF"表示断开，"DC"表示直流，"AC"表示交流等。

电气图纸的常用文字符号如表 3.2 所示。

表 3.2　常用电气文字符号

常用基本文字符号			
文字符号	名称	文字符号	名称
C	电容器	R	电阻器
L	电感器	M	电动机
QF	断路器	XS	插座
TA	电流互感器	TV	电压互感器
KM	接触器	HL	指示灯
QS	隔离开关	FR	热继电器
KT	时间继电器	KA	中间继电器
KV	速度继电器	KU	电压继电器
TC	电源互感器	SA	选择开关
FU	熔断器	SB	按钮开关
XB	连接片	N	中性线
PE	保护接地	SQ	限位开关
YH	电磁吸盘	UR	可控硅整流器
EL	照明灯	TC	控制变压器
常用辅助文字符号			
文字符号	名称	文字符号	名称
AC	交流	DC	直流
A 或 AUT	自动	B 或 BRK	制动
FW	向前	BW	向后
ON	闭合	OFF	断开
IN	输入	OUT	输出
E	接地	C	控制

第三节　常用电气元件的绘制

表 3.1 列出了四十多种电气图形符号，由于篇幅所限，本节仅列举部分典型符号的具体绘图步骤，其他符号可参考这些绘制方法进行绘制，在此就不再赘述。

一、开关触头符号的绘制

在进入 AutoCAD 绘图环境之后，其默认的图层是"0"层，该层通常用来定义块，因此，在定义开关触头符号、继电器符号、交流电动机符号、变压器符号等图元块前，一般需要令图层"0"为当前层，再按照相应绘图步骤进行绘制。

视频 3.1　开关触头
符号的绘制

（一）动合触头的绘制

（1）使用"直线"命令，画一条长度为 15 的垂线，如图 3.1（a）所示。

（2）使用"直线"命令，在距垂线上下端点各 3.75 处画两条水平直线，如图 3.1（b）所示。

（3）使用"直线"命令，将一个端点指定为下垂直交点，另一个端点指定为上垂线交点左侧 3.2 处，画一条斜线，如图 3.1（c）所示。

（4）使用"修剪"命令，以两条水平直线为修剪边，修剪掉它们之间的垂直线段，并删除辅助水平直线，最终绘制的动合触头如图 3.1（d）所示。

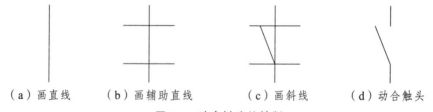

（a）画直线　　（b）画辅助直线　　（c）画斜线　　（d）动合触头

图 3.1　动合触头的绘制

（5）使用 WBLOCK 命令，将该图元定义为块文件，块名为"动合触头"，保存在自建的元件库中，便于后续章节绘制图纸时插入相应图元块。

（二）动断触头的绘制

（1）使用"插入块"命令，将"动合触头"插入到绘图区域中，如图 3.2（a）所示。

（2）使用"分解"命令，将图元块分解；再使用"镜像"命令，以垂直直线为对称轴，把斜线对称复制一份，如图 3.2（b）所示。

（3）选中删除源对象的方式，如图 3.2（c）所示。

（4）使用"直线"命令，通过捕捉端点，将上垂线下端点选择后，向右绘制长度为 4 的直线，适当修改斜线的比例，完成图 3.2（d）动断触头的绘制。

（5）使用 WBLOCK 命令，将该图元定义为块文件，块名为"动断触头"，保存在自建的元件库中。

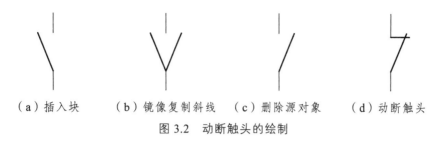

（a）插入块　　　（b）镜像复制斜线　　（c）删除源对象　　（d）动断触头

图 3.2　动断触头的绘制

（三）接触器主动合触头的绘制

（1）使用"插入块"命令 🗔，将"动合触头"插入到绘图区域中，如图 3.3（a）所示。

（2）使用"圆弧"命令，以上段直线的中点和下端点为圆弧的起点和端点，设置圆弧的角度为 180°，完成主动合触头的绘制，如图 3.3（b）所示。

（3）使用 WBLOCK 命令，将该图元定义为块文件，块名为"接触器主动合触头"，保存在自建的元件库中。

（a）插入块　　　　　（b）主动合触头

图 3.3　接触器主动合触头的绘制

（四）接触器主动断触头的绘制

（1）使用"插入块"命令 🗔，将"动断触头"插入到绘图区域中，如图 3.4（a）所示。

（2）使用"圆弧"命令 ╱，以上段直线的下端点和中点为圆弧的起点和端点，设置圆弧的角度为 180°，完成主动断触头的绘制，如图 3.4（b）所示。

（3）使用 WBLOCK 命令，将该图元定义为块文件，块名为"接触器主动断触头"，保存在自建的元件库中。

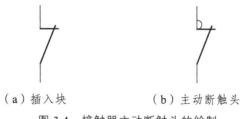

（a）插入块　　　　　（b）主动断触头

图 3.4　接触器主动断触头的绘制

（五）隔离开关的绘制

（1）使用"插入块"命令 🗔，将"动合触头"插入到绘图区域中，如图 3.5（a）所示。

（2）使用"直线"命令 ╱，以上段直线的下端点为第一点，绘制长度为 1.25 的直线，如图 3.5（b）所示。

（3）使用"镜像"命令 ⚎，以垂直直线为对称轴，把 1.25 的直线对称复制一份，再使用

"合并"命令 ，将两段短直线合并成一条直线，如图 3.5（c）所示。

（4）使用 WBLOCK 命令，将该图元定义为块文件，块名为"隔离开关"，保存在自建的元件库中。

（a）插入块　　　（b）绘制直线　　　（c）隔离开关

图 3.5　隔离开关的绘制

（六）断路器的绘制

（1）使用"插入块"命令 ，将"隔离开关"插入到绘图区域中，如图 3.6（a）所示。
（2）使用"分解"命令 ，将图元块分解；再使用"旋转"命令 ，以两直线的相交点为基点，将水平直线旋转 45°，如图 3.6（b）所示。
（3）使用"镜像"命令 ，以垂直直线为对称轴，把旋转后的直线复制一份，如图 3.6（c）所示。
（4）使用 WBLOCK 命令，将该图元定义为块文件，块名为"断路器"，保存在自建的元件库中。

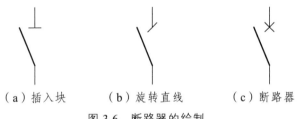

（a）插入块　　　（b）旋转直线　　　（c）断路器

图 3.6　断路器的绘制

（七）启动按钮开关的绘制

（1）使用"插入块"命令 ，将"动合触头"插入到绘图区域中，如图 3.7（a）所示。
（2）新建图层"虚线层"，并置为当前层，使用"直线"命令 ，指定斜线的中点为端点，向左绘制长度为 6.5 的水平虚线，如图 3.7（b）所示。
（3）再将图层 0 设为当前层，使用"直线"命令 ，在虚线的左端点绘制两条长度均为 1.25 的正交直线，如图 3.17（c）所示。
（4）使用"镜像"命令 ，以虚线为对称轴，把正交的两条直线复制一份，完成绘制，如图 3.7（d）所示。

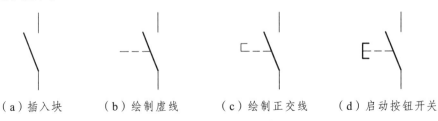

（a）插入块　　（b）绘制虚线　　（c）绘制正交线　　（d）启动按钮开关

图 3.7　启动按钮开关的绘制

（5）使用 WBLOCK 命令，将该图元定义为块文件，块名为"启动按钮开关"，保存在自建的元件库中。

（八）停止按钮开关的绘制

（1）使用"插入块"命令🔲，将"动断触头"插入到绘图区域中，如图 3.8（a）所示。

（2）新建图层"虚线层"，并置为当前层，使用"直线"命令✏，指定斜线的中点为端点，向左绘制长度为 6.5 的水平虚线，如图 3.8（b）所示。

（3）再将图层 0 设为当前层，使用"直线"命令✏，在虚线的左端点绘制两条长度均为 1.25 的正交直线，如图 3.8（c）所示。

（4）使用"镜像"命令⚏，以虚线为对称轴，把正交的两条直线复制一份，完成绘制，如图 3.8（d）所示。

（5）使用 WBLOCK 命令，将该图元定义为块文件，块名为"停止按钮开关"，保存在自建的元件库中。

（a）插入块　　（b）绘制虚线　　（c）绘制正交线　　（d）停止按钮开关

图 3.8　停止按钮开关的绘制

（九）熔断器的绘制

（1）使用"矩形"命令▭，绘制长、宽为 3、6.5 的矩形，如图 3.9（a）所示。

（2）使用"直线"命令✏，在"对象捕捉"的设置中选上"中点"项，绘制一条过两个长边中点的直线，如图 3.9（b）所示。

（3）使用"直线"命令✏，捕捉中点作为指定直线的第一点，画一条长度为 7.5 的向上垂直直线，如图 3.9（c）所示。

（4）使用"镜像"命令⚏，以过矩形长边中点的水平直线为对称轴，将垂直直线向下复制，保留源对象，如图 3.9（d）所示。

（5）删除多余部分，完成绘制，如图 3.9（e）所示。

（6）使用 WBLOCK 命令，将该图元定义为块文件，块名为"熔断器"，保存在自建的元件库中。

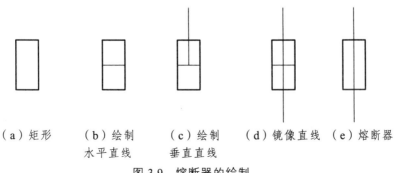

（a）矩形　　（b）绘制　　（c）绘制　　（d）镜像直线　（e）熔断器
　　　　　　　水平直线　　垂直直线

图 3.9　熔断器的绘制

（十）插头和插座的绘制

（1）使用"圆弧"命令 ⌒ ，绘制半径为 2.5 的半圆，如图 3.10（a）所示。

（2）使用"多段线"命令 ⌐⊃ ，设线宽为 1.5，画一条过圆心的长度为 5 的直线，如图 3.10（b）所示。

（3）使用"直线"命令 ⟋ ，分别以半圆上象限点和多段线的下端点为起点，绘制两条长度为 3.75 的垂直直线，完成绘制，如图 3.10（c）所示。

（4）使用 WBLOCK 命令，将该图元定义为块文件，块名为"插头和插座"，保存在自建的元件库中。

（a）画圆 （b）绘制直线 （c）插头和插座

图 3.10 插头和插座的绘制

二、继电器符号的绘制

（一）继电器线圈的绘制

视频 3.2 继电器
符号的绘制

（1）使用"矩形"命令 ▭ ，绘制长、宽为 8.5、4.5 的矩形，如图 3.11（a）所示。

（2）使用"直线"命令 ⟋ ，以矩形下水平线的中点为第一点，绘制一条长度为 5 的直线，如图 3.11（b）所示。

（3）使用"直线"命令 ⟋ ，以矩形上水平线的中点为第一点，绘制一条长度为 5 的直线，如图 3.11（c）所示。

（4）使用 WBLOCK 命令，将该图元定义为块文件，块名为"继电器线圈"，保存在自建的元件库中。

（a）矩形 （b）绘制直线 （c）继电器线圈

图 3.11 继电器线圈的绘制

（二）缓慢释放继电器线圈的绘制

（1）使用"插入块"命令 ▦ ，将"继电器线圈"插入到绘图区域中，如图 3.12（a）所示。

（2）使用"分解"命令 ▤ ，将图元块分解；再使用"矩形"命令，绘制 2.5×4.5 的矩形，如图 3.12（b）所示。

（3）使用"图案填充"命令 ▨ ，先设置图案样例为"SOLID"，然后以小矩形的内部为拾取点，完成绘制，如图 3.12（c）所示。

（4）使用 WBLOCK 命令，将该图元定义为块文件，块名为"缓慢释放继电器线圈"，保存在自建的元件库中。

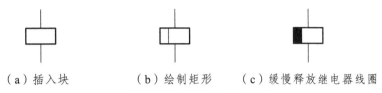

（a）插入块　　　（b）绘制矩形　　　（c）缓慢释放继电器线圈

图 3.12　缓慢释放继电器线圈的绘制

三、交流电动机符号的绘制

（一）三相鼠笼式异步电动机的绘制

（1）使用"圆"命令 ，绘制半径为 7.5 的圆，如图 3.13（a）所示。

视频 3.3　交流电动机符号的绘制

（2）使用"直线"命令，以圆的上象限点为起点，绘制长度为 7.5 并垂直向上的直线，如图 3.13（b）所示。

（3）使用"偏移"命令，指定偏移距离或[通过（T）/删除（E）/图层（L）]：输入 5；选择要偏移的对象，或[退出（E）/放弃（U）]<退出>：选长度为 7.5 的直线；指定要偏移的那一侧上的点，或[退出[E]/多个（M）/（放弃 U）]<退出>：选直线左侧；指定要偏移的那一侧上的点，或[退出[E]/多个（M）/（放弃 U）]<退出>：选直线右侧。效果如图 3.13（c）所示。

（4）使用"延伸"命令，以圆 R7.5 为延伸边界线，延伸偏移复制得到的直线，如图 3.13（d）所示。

（5）使用"多行文字"命令，首先在出现的对话框将文字样式设为"Standard"，在出现的文本框中输入 M，然后回车，再输入 3~，字高为 4，调整位置，绘制完成，如图 3.13（e）所示。

（6）使用 WBLOCK 命令，将该图元定义为块文件，块名为"三相鼠笼式异步电动机"，保存在自建的元件库中。

（a）画圆　　（b）绘制直线　　（c）偏移直线　　（d）延伸直线　　（e）书写文字

图 3.13　三相鼠笼式异步电动机的绘制

（二）双速感应电动机的绘制

（1）使用"插入块"命令，将"三相鼠笼式异步电动机"插入到绘图区域中，如图 3.14（a）所示。

（2）使用"分解"命令，将图元块分解；再使用"镜像"命令，以左右象限点构成的水平直线为对称轴，复制三条垂直直线，如图 3.14（b）所示。

（3）使用 WBLOCK 命令，将该图元定义为块文件，块名为"双速感应电动机"，保存在自建的元件库中。

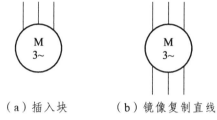

（a）插入块　　　（b）镜像复制直线

图 3.14　双速感应电动机的绘制

（三）三相绕线转子异步电动机的绘制

（1）使用"插入块"命令，将"双速感应电动机"插入到绘图区域中，如图 3.15（a）所示。

（2）使用"分解"命令，将图元块分解；再使用"圆"命令，以小圆的圆心为圆心，绘制半径为 10 的大圆，如图 3.15（b）所示。

（3）使用"修剪"命令，以圆 R10 为修剪边，修剪掉内部多余的部分，如图 3.15（c）所示。

（4）使用 WBLOCK 命令，将该图元定义为块文件，块名为"三相绕线转子异步电动机"，保存在自建的元件库中。

（a）插入块　　　（b）绘制大圆　　　（c）修剪

图 3.15　三相绕线转子异步电动机的绘制

四、变压器符号的绘制

视频 3.4　变压器
符号的绘制

（一）Y/y/d 连接三相变压器的绘制

（1）使用"多边形"命令，绘制边长为 6 的辅助等边三角形，如图 3.16（a）所示。

（2）使用"圆"命令，以等边三角形的上顶点为圆心，绘制第一个绕组，即直径为 7.5 的圆，如图 3.16（b）所示。

（3）重复上一步，绘制第二个绕组和第三个绕组，完成后，删除辅助的三角形，如图 3.16（c）～图 3.16（e）所示。

（4）绘制引出线。使用"直线"命令，绘制起点在第一个绕组的上象限点、长度为 3、垂直向上的直线，如图 3.16（f）所示。

（5）绘制三相线。重复"直线"命令，设置对象捕捉方式为"端点"方式，命令行输入"FROM"，以第一绕组引出线的下端点为参照点，偏移@-1,0.7，确定三相线中最下面一根线的起点，并以该起点为参照点，偏移@2,0.7确定该线的终点。重复该方法绘制三相线的另外两根线，如图3.16（g）所示。

（6）使用"复制"命令 %，以第一绕组引出线的下端点为基点，复制第一绕组的引出线及三相线，并将其粘贴到第二绕组和第三绕组的下象限点处，然后进行镜像调整，如图3.16（h）所示。

（7）绘制星形符号。设置对象捕捉模式为"圆心"，以第一绕组的圆心为起始点垂直向下绘制长度为1.6的直线；使用"环形阵列"命令 ⬚，阵列中心点为该直线的上端点，阵列类型为"环形阵列"，"选择对象"为刚刚绘制的直线，"项目总数"为3，"填充角度"为"360"，然后回车确认，完成第一绕组的 Y 符号的绘制。复制该符号到第二绕组上，如图3.16（i）~图3.16（k）所示。

（8）绘制第三绕组的三角符号。使用"多边形"命令 ⬠，按照命令行的提示进行相应操作。

命令：_polygon 输入边的数目 <3>:3

指定正多边形的中心点或 [边(E)]: E

指定边的第一个端点：（选择合适位置）

指定边的第二个端点：@3<240

（9）使用 WBLOCK 命令，将该图元定义为块文件，块名为"Y/y/d 连接三相变压器"，保存在自建的元件库中。

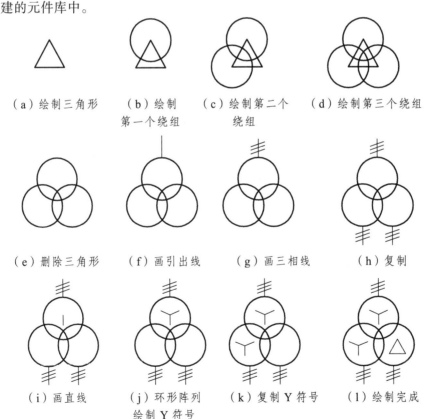

（a）绘制三角形　（b）绘制　　（c）绘制第二个　（d）绘制第三个绕组
　　　　　　　　　第一个绕组　　　　绕组

（e）删除三角形　（f）画引出线　（g）画三相线　（h）复制

（i）画直线　　　（j）环形阵列　（k）复制Y符号　（l）绘制完成
　　　　　　　　　绘制Y符号

图 3.16　Y/y/d 连接三相变压器的绘制

（二）Y/d 连接的具有有载分接开关的三相变压器的绘制

（1）复制 Y/y/d 连接三相变压器符号，参照 Y/d 连接的具有有载分接开关的三相变压器符号删除多余部分，并对齐绕组，如图 3.17（a）所示。

（2）使用"直线"命令 ⟋，绘制可调节符号的直线部分。直线的起点坐标相对变压器第二绕组的圆心坐标为@-6，-1，直线的终点坐标相对直线起点坐标为@12，8，如图 3.17（b）所示。

（3）使用"多段线"命令 ⤵，绘制可调节符号的箭头。在变压器调节符号方向上绘制起点宽度为 0.7、端点宽度为 0、长度为 2.5 的箭头，如图 3.17（c）所示。

（4）使用"直线"命令 ⟋，绘制步进符号。绘制长度为 1 的垂直线，长度为 2 的水平直线长及长度为 1 的垂直线，如图 3.17（d）所示。

（5）使用 WBLOCK 命令，将该图元定义为块文件，块名为"Y/d 连接的具有有载分接开关的三相变压器"，保存在自建的元件库中。

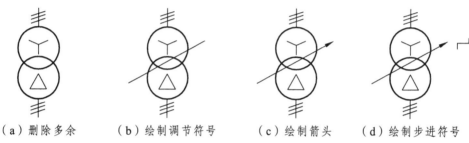

（a）删除多余　　　（b）绘制调节符号　　　（c）绘制箭头　　　（d）绘制步进符号

图 3.17　Y/d 连接的具有有载分接开关的三相变压器的绘制

五、其他元件符号的绘制

（一）信号灯的绘制

（1）使用"圆"命令 ⊘，绘制直径为 7.5 的圆，如图 3.18（a）所示。

（2）使用"直线"命令 ⟋，绘制两条过圆心的水平直线和垂直直线，如图 3.18（b）所示。

视频 3.5 其他元件
符号的绘制

（3）使用"旋转"命令 ↻，将两条直线旋转 45°，完成绘制，如图 3.18（c）所示。

（4）使用"直线"命令 ⟋，绘制引出线。绘制长度为 3.75 的两条垂直线，如图 3.18（d）所示。

（5）使用 WBLOCK 命令，将该图元定义为块文件，块名为"信号灯"，保存在所建立的元件库中。

（a）绘制圆　　　（b）绘制直线　　　（c）旋转　　　（d）绘制引出线

图 3.18　信号灯的绘制

（二）电抗器的绘制

（1）使用"直线"命令 ⬀，绘制长度为 15 的垂直线段，如图 3.19（a）所示。

（2）使用"圆"命令 ⊘，绘制圆心在垂直线段中点，直径为 7.5 的圆，如图 3.19（b）所示。

（3）使用"直线"命令 ⬀，绘制以圆心为起点，以圆左侧象限点为终点的直线，如图 3.19（c）所示。

（4）使用"修剪"命令 ⊬，按照图 3.19（d）所示电抗器图形符号所示进行修剪。

（5）使用 WBLOCK 命令，将该图元定义为块文件，块名为"电抗器"，保存在自建的元件库中。

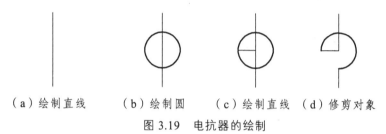

（a）绘制直线　　（b）绘制圆　　（c）绘制直线　　（d）修剪对象

图 3.19　电抗器的绘制

（三）电阻器的绘制

（1）使用"矩形"命令 ▭，绘制长、宽为 6.5、3 的矩形，如图 3.20（a）所示。

（2）使用"直线"命令 ⬀，以矩形上水平线的中点为第一点，绘制一条长度为 4.25 的直线，如图 3.20（b）所示。

（3）使用"直线"命令 ⬀，以矩形下水平线的中点为第一点，绘制一条长度为 4.25 的直线，如图 3.20（c）所示。

（4）使用 WBLOCK 命令，将该图元定义为块文件，块名为"电阻器"，保存在自建的元件库中。

（a）绘制矩形　　　　（b）绘制直线　　　　（c）绘制直线

图 3.20　电阻器的绘制

（四）电容器的绘制

（1）使用"矩形"命令 ▭，绘制长、宽为 8、3 的矩形，如图 3.21（a）所示。

（2）使用"分解"命令 𝕒，将矩形分解，然后删除左右竖线，如图 3.21（b）所示。

（3）使用"直线"命令 ⬀，分别以上水平线的中点和下水平线的中点为起点，绘制两条长度为 6 的直线，如图 3.21（c）所示。

（4）使用 WBLOCK 命令，将该图元定义为块文件，块名为"电容器"，保存在自建的元件库中。

　　（a）绘制矩形　　　　　（b）删除竖线　　　　（c）绘制直线

图 3.21　电容器的绘制

思考与实例练习

1. 参考表 3.1 绘制延时闭合的动合触头和延时断开的动断触头。

2. 参考表 3.1 绘制热继电器的驱动器件。

3. 参考表 3.1 绘制电流互感器。

4. 请查找相关电气标准，绘制以下建筑安装平面图图形符号：

（1）线路图符；

（2）配电设备（箱）图符；

（3）灯具图符；

（4）插座图符；

（5）开关图符；

（6）仪表图符。

第四章　电气控制原理图的识图与制图

　　电气控制原理图是以电动机、生产机械和其他电气设备的控制装置等为主要描述对象，表示其工作原理、电气接线、安装方法等的图样。由于电气设备种类繁多，相应的电气控制原理图也多种多样，本章主要着眼于单向启动停止控制电路、多地点操作控制电路、点动与连续控制电路、正反转控制电路、顺序控制电路、Y-△降压启动控制电路等基本控制电路图的识图，以及CA6140型车床电气控制原理图、电容补偿电路原理图的识图与制图，阐述电气控制原理图的阅读与绘制方法。

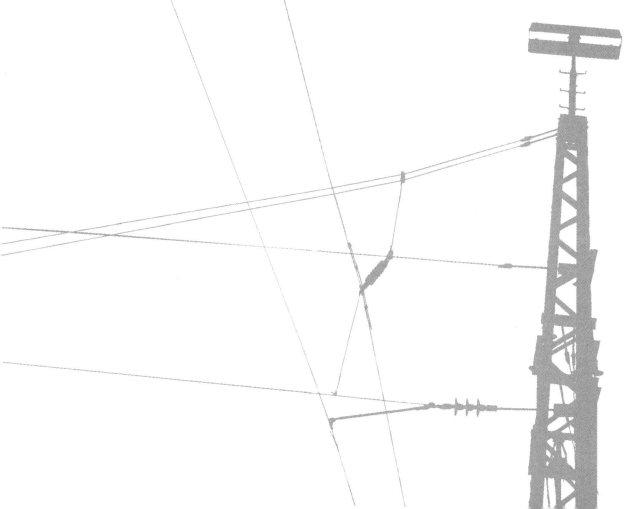

第一节 电气控制原理图概述

一、电气控制原理图的特点

电气控制原理图简称原理图或电路图。原理图具有简单明了、层次分明、易于阅读等特点，适于分析电器元件的工作原理和研究生产机械的工作过程和状态。原理图并不是按元件的实际位置来绘制的，而是根据工作原理绘制的。在原理图中，一般根据各个元件在电路中所起的作用，将其画在不同的位置上，而不受实物位置所限。有些不影响电路工作的元件，如插接件、接线端子等，大多可略去不画。原理图中所表示的状态，除非特别说明外，一般是按未通电时的状态画出的。

电气控制原理图一般分为电源电路、主电路和辅助电路三部分来绘制。电源电路一般画成水平线，三相交流电源相序 L1、L2、L3（U、V、W）自上而下依次画出，中线 N 和保护地线 PE 依次画在相线之下。

主电路是指受电的动力装置及控制、保护电器的支路，由主熔断器、接触器的主触头、热继电器的热元件以及电动机等组成。主电路通过的电流是电动机的工作电流，电流值较大。

辅助电路一般包括控制主电路工作状态的控制电路、显示主电路工作状态的指示电路以及提供机床设备局部照明的照明电路等。它是由主令电器的触头、接触器线圈及辅助触头、继电器线圈及触头、指示灯和变压器、照明灯等组成。辅助电路通过的电流都较小，其值一般不超过 5 A。

二、电气控制原理图的绘图原则

（1）图中各元件的图形符号均应符合最新国家标准，当标准中给出几种形式时，选择图形符号应遵循以下原则：

① 尽可能采用优选形式。

② 在满足需要的前提下，尽量采用最简单的形式。

③ 在同一图号的图中使用同一种形式的图形符号和文字符号。如果采用标准中未规定的图形符号或文字符号时，必须加以说明。

（2）图中所有电气开关和触头的状态，均以线圈未通电、手柄置于零位、无外力作用或生产机械在原始位置的初始状态画出。

（3）各个元件及其部件在原理图中的位置根据便于阅读的原则来安排，同一元件的各个部件（如线圈、触头等）可以不画在一起。但是，属于同一元件上的各个部件应均用同一文字符号和同一数字表示。如同一个接触器 KM，它的线圈和辅助触头画在控制电路中，主触头画在主电路中，但应都用同一文字符号标明。

（4）图中的连接线、设备或元件的图形符号的轮廓线都应使用实线绘制，屏蔽线、机械联动线、不可见轮廓线等用虚线绘制，分界线、结构围框线、分组围框线等用点划线绘制。

（5）原理图分主电路和控制电路两部分，主电路画在左边，控制电路画在右边，按新的国家标准规定，一般采用竖直画法。

（6）电动机和电器的各接线端子都要编号。主电路的接线端子用一个字母后面附加一位或两位数字来编号，如 U1、V1、W1；控制电路的接线端子只用数字编号。

（7）图中的各元件除标有文字符号外，还应标有位置编号，以便寻找对应的元件。

三、电气控制原理图的识图步骤

阅读电气原理图的步骤一般是从电源进线起，先看主电路电动机、电器的接线情况，然后再查看控制电路，通过对控制电路电分析，深入了解主电路的控制程序。电气原理图是按原始状态绘制的，这时线圈未通电，开关未闭合，按钮未按下，但阅图时不能按原始状态分析，而应选择某一状态分析。

（一）主电路的识图步骤

（1）先识读供电电源部分。先查看主电路的供电情况（分析出是由母线汇流排或配电柜供电，还是由发电机组供电），同时弄清电源的种类（是交流还是直流），然后弄清供电电压的等级。

（2）识读用电设备。用电设备指带动生产机械运转的电动机，或耗能发热的电弧炉，或进行无功补偿的电容器等电气设备。识图时要弄清它们的类别、用途、型号、接线方式等。

（3）识读对用电设备的控制方式。有的采用闸刀开关直接控制，有的采用各种启动器控制，有的采用接触器、继电器控制，识图时应弄清并分析各种控制电器的作用和功能等。

（二）控制电路的识图步骤

（1）识读控制电路的供电电源，弄清电源是交流还是直流；其次弄清电源电压的等级。

（2）识读控制电路的组成和功能。控制电路一般由几个支路（回路）组成，有的在一条支路中还有几条独立的小支路（小回路）。识图时弄清各支路对主电路的控制功能，并分析主电路的动作程序。例如，当某一支路（或分支路）形成闭合通路并有电流流过时，应分析出主电路中的相应开关、触头的动作情况及电气元件的动作情况。

（3）识读各支路和元件之间的并联情况。因为各分支路之间和一个支路中的元件，一般是相互关联或互相制约的，所以分析它们之间的联系，可进一步深入了解控制电路对主电路的控制程序。

（4）注意电路中有哪些保护环节，某些电路可以结合接线图来分析。

四、电气控制原理图的一般设计法

电气控制原理图的一般设计法又称经验设计法，它是根据生产工艺要求，利用各种基本典型的电路环节，直接设计控制电路。这种设计方法比较简单，但要求设计人员必须熟悉大量的控制线路。在设计过程中往往还要经过多次反复的修改、试验，才能使线路符合设计的要求。

一般设计法没有固定模式，通常设计人员先将一些典型线路环节拼凑起来以实现某些基本要求，然后根据生产工艺要求逐步完善其功能，并加以适当的联锁与保护环节。由于是靠经验进行设计的，因而设计过程灵活性很大。

用一般方法设计控制电路时，应注意以下几个原则：

（1）应最大限度地实现生产机械和工艺对电气控制电路的要求。

（2）在满足生产要求的前提下，控制线路应力求简单、经济：

① 尽量选用标准的、常用的或经过实际考验过的电路和环节。

② 尽量缩短连接导线的数量和长度，特别要注意电气柜、操作点和限位开关之间的连接线。

③ 尽量缩减电器的数量，采用标准件，并尽可能选用相同型号。

④ 应减少不必要的触头，以便得到最简化的线路。

⑤ 控制线路在工作时，除必要的电器必须通电外，其余的尽量不通电以节约电能。

（3）保证控制线路的可靠性和安全性。

① 尽量选用机械和电气寿命长、结构坚实、动作可靠、抗干扰性能好的电气元件。

② 正确连接电器的触头。同一电器的常开和常闭辅助触头靠得很近，如果分别接在电源的不同相上，常开触头与常闭触头不是等电位的，当触头断开产生电弧时，其很可能在两触头间形成飞弧而造成电源短路。

③ 在频繁操作的可逆电路中，正、反转接触器之间不仅要有电气联锁，而且要有机械联锁。

④ 在电路中采用小容量继电器的触头来控制大容量接触器的线圈时，要计算继电器触头断开和接通容量是否足够。如果继电器触头容量不够，须加小容量接触器或中间继电器。

⑤ 正确连接电器的线圈。在交流控制电路中，不能串联接入两个电器的线圈，因为交流电路中，每个线圈上所分配到的电压与线圈阻抗成正比，两个电器动作总是有先有后，不可能同时吸合。因此，当两个电器需要同时动作时，其线圈应该并联连接。

⑥ 在控制电路中，应避免出现寄生电路。寄生电路是指在控制电路的动作过程中意外接通的电路（或称假回路）。

⑦ 应具有完善的保护环节，以避免因误操作而发生事故。完善的保护环节包括过载、短路、过流、过压、欠压、失压等，有时还应设有合闸、断开、事故等必需的指示信号。

（4）应尽量使操作和维修方便。

第二节　基本控制电路图的识图

不同的控制电路具有不同的电气元件，但不论其控制电路多么复杂，总可找出它的几个基本控制环节，即一个整机控制电路是由几个基本环节组成的，每个基本环节起着不同的控制作用。因此，掌握基本控制电路，对分析生产机械电气控制电路的工作情况，判断其故障或改进其性能都是很有益的。

一、单向启动停止控制电路图

单向启动、停止电气控制电路如图 4.1 所示，是一种最基本的控制电路。该电路能实现对电动机启动运行和停止的自动控制、远距离控制、频繁操作，并具有必要的保护功能，如短路保护、过载保护和失压保护等。

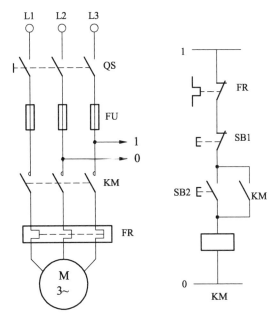

图 4.1 单向启动停止控制电路图

（一）低压电器的作用和选择原则

图 4.1 中，QS 为刀开关，FU 为熔断器，KM 为交流接触器，FR 为热继电器，这些电器统称为低压电器。下面介绍这些电气元件的作用，并简单说明选用各种电器的原则。

（1）刀开关额定电流的选择。刀开关的作用是接通和断开电源，其额定电流可按电动机额定电流的 3 倍选择。

（2）熔断器额定电流的选择。熔断器起短路保护作用，熔断器熔体的额定电流可在电动机额定电流的 1.5 ~ 2.5 倍范围内选取。各个熔断器的额定电流应大于或等于其熔体的额定电流。

（3）交流接触器额定电流的选择。交流接触器的作用是接通和断开电动机的三相电源，并有失压保护的作用。接触器主触头的额定电流可在电动机额定电流的 1.3 ~ 2 倍范围内选取。

（4）热继电器额定电流的选择。热继电器是电动机的过电流保护元件。热继电器中热元件的额定电流可在电动机额定电流的 1 ~ 1.5 倍范围内选取；热继电器的额定电流应不小于热元件的额定电流。

（二）工作原理

由图 4.1 可知，启动电动机时，需首先合上刀开关 QS，再按下启动按钮 SB2，接触器 KM 线圈得电，铁芯吸合，其主触头闭合，接通电动机 M 的三相电源，M 启动运转，与此同时，与按钮 SB2 并联的接触器的常开辅助触头 KM 也同时闭合，起自锁作用。

所谓"自锁"，是依靠接触器自身的辅助动合触头来保证线圈继续通电的现象。带有"自锁"功能的控制电路具有失压（零压）和欠压保护作用，即一旦发生断电或电源电压下降到一定值（一般降到额定值 85% 以下）时，自锁触头就会断开，接触器 KM 线圈就会断电，不重新按下启动按钮 SB2，电动机将无法自动启动。只有在操作人员有准备的情况下再次按下启动按钮 SB2，电动机才能重新启动，从而保证了人身和设备的安全。

当需要电动机停转时，按下停止按钮 SB1，接触器 KM 的线圈失电而释放，主、辅触头均复位，主回路中的主触头 KM 断开，切断了电动机的电源，电动机停止运行。

二、多地点操作控制电路图

多地控制，是指能够在不同的地点对同一台电动机的动作进行控制。在实际生活和生产现场中，通常需要在两地或两地以上的地点进行控制操作。

（一）接线原则

多组按钮的接线原则是在接触器 KM 的线圈回路中，将所有停止按钮（SB1、SB3、SB5…）的常闭触头串联在一起，而将所有启动按钮（SB2、SB4、SB6…）的常开触头并联在一起。其中，SB2、SB1 为一组安装在甲地的启动按钮和停止按钮；SB4、SB3 为一组安装在乙地的启动按钮和停止按钮；SB6、SB5 为一组安装在丙地的启动按钮和停止按钮。这样就可以分别在甲、乙、丙三地启动（或停止）同一台电动机，实现多地控制。图 4.2 所示是实现三地操作的控制电路。根据上述原则，可以进一步推广出更多地点的控制电路。

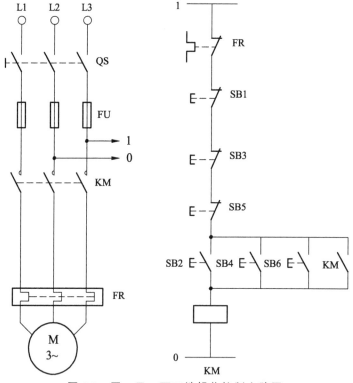

图 4.2　甲、乙、丙三地操作控制电路图

（二）工作原理

由图 4.2 可知，该控制电路由主回路和控制回路两部分组成。

主回路由电源开关 QS、熔断器 FU、接触器 KM 的主触头、热元件 FR 和电动机 M 组成。主电路的接通和分断靠 KM 的三对主触头完成的。

控制回路由热继电器的常闭触头 FR、停止按钮（SB1、SB3、SB5）、启动按钮（SB2、SB4、SB6）、接触器的常开辅助触头 KM 和接触器的线圈构成。

接触器线圈 KM 的得电条件为按下任一启动按钮 SB2、SB4、SB6，KM 辅助常开触头构成自锁，就能接通接触器线圈 KM 的电路；接触器线圈 KM 失电条件为按下任一停止按钮 SB1、SB3、SB5，这里常闭触头串联构成逻辑与的关系，其中任一条件满足，即可切断接触器线圈 KM 的电路。这样就可以分别在甲、乙、丙三地启动或停止同一台电动机。

三、点动与连续控制电路图

在一些有特殊工艺要求、需要精细加工或调整的工作场合，要求机床点动运行，但在机床加工过程中，大部分时间要求机床要连续运行，即要求电动机既能点动工作，又能连续运行，这时就要用到电动机的点动与连续运行控制电路。

（一）接线原则

要实现连续运行，接线时可以把一对接触器的辅助触头并联在启动按钮旁边，当电机启动并松开启动按钮后，由接触器的辅助触头维持向接触器线圈供电，以保持接触器工作，使电动机连续运转，直到按下停止按钮，接触器线圈失电，电动机才停止运行。要额外实现点动控制，要把并联在启动按钮旁的接触器辅助触头通路切断，通过启动按钮控制接触器线圈的供电，电动机的运转只能由启动按钮来控制。

（二）工作原理

（1）利用选择开关控制的点动与连续控制电路。如图 4.3 所示，SA 为选择开关，当 SA 断开时，按 SB2 为点动控制；当 SA 闭合时，按 SB2 为连续控制。

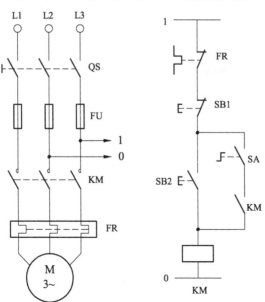

图 4.3　利用选择开关控制的点动与连续控制电路

（2）利用点动复合按钮控制的点动与连续控制电路。如图 4.4 所示，SB2 为连续按钮，SB3 为点动按钮。但需要注意，SB3 是一个复合按钮，使用了一对动合触头和一对动断触头。

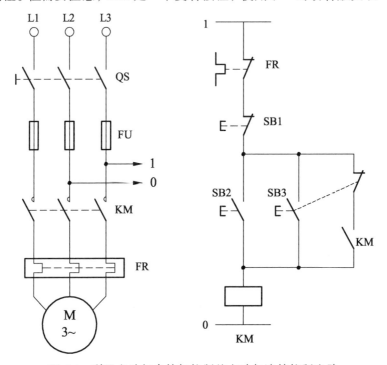

图 4.4　利用点动复合按钮控制的点动与连续控制电路

需要点动控制时，按下点动复合按钮 SB3，其常闭触头先断开 KM 的自锁电路，随后 SB3 常开触头闭合，接通启动控制电路，接触器 KM 线圈得电吸合，KM 主触头闭合，电动机 M 启动运转。松开 SB3 时，其已闭合的常开触头先复位断开，使接触器 KM 失电释放，接触器 KM 主触头断开，电动机停转。

若需要电动机连续运转，按下长动按钮 SB2，由于按钮 SB3 的常闭触头处于闭合状态，将 KM 自锁触头接入电路，所以接触器 KM 得电吸合并自锁，电动机 M 连续运行。停机时按下停止按钮 SB1 即可。

值得注意的是，在图 4.4 所示电路中，若接触器 KM 的释放时间大于按钮 SB3 的恢复时间，则点动结束，按钮 SB3 的常闭触头复位时，接触器 KM 的常开触头尚未断开，将会使接触器 KM 的自锁电路继续通电，电路就将无法正常实现点动控制。因此，采用中间继电器联锁的电动机点动与连续运行的控制电路将更加可靠。

（3）利用中间继电器联锁的点动与连续控制电路如图 4.5 所示，KA 为中间继电器。

当连续工作时，按下启动按钮 SB2，中间继电器 KA 得电吸合并自锁，其另一对常开触头 KA 闭合，使接触器 KM 的线圈得电吸合并自锁（自保），接触器的三对主触头 KM 闭合，接通三相异步电动机的电源，电动机启动运转。欲使电动机停止时，按下停止按钮 SB1，中间继电器 KA 线圈失电释放，其常开触头 KA 断开（复位），解除自锁。与此同时，其串联在接触器 KM 线圈回路中的另一对常开触头 KA 断开（复位），接触器 KM 线圈失电释放，其主触头 KM 断开，切断了三相异步电动机 M 的电源，电动机停止。

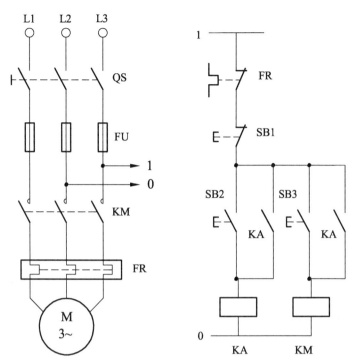

图 4.5　利用中间继电器联锁的点动与连续控制电路

当点动工作时，按下点动按钮 SB3，接触器 KM 得电吸合，接触器的三对主触头 KM 闭合，接通三相异步电动机的电源，电动机启动运转。由于接触器 KM 不能自锁（自保），所以，松开点动按钮 SB3，接触器 KM 立即失电释放，其主触头 KM 断开，切除了三相异步电动机 M 的电源，则电动机将立即停止，从而能可靠地实现了点动控制。

四、正反转控制电路图

许多生产机械常常要求具有上下、左右、前后等相反方向的运动，这就要求电动机可以正反转控制（又称可逆控制）。对于三相异步电动机，可借助正反转接触器将接至电动机的三相电源进线中的任意两相对调，达到反转的目的。而正反转控制时需要一种联锁关系，否则，当出现误操作使正反转接触器线圈同时得电时，将会造成短路故障。

联锁控制的目的是防止电气短路，其方式有电气联锁和机械联锁两种。电气联锁的接线简单，一般不需要添加硬件，可靠性较高。但是，当接触器发生触头粘连故障时，可能发生短路。机械联锁属于硬联锁，故障率较高，但绝对不会有短路现象发生。前者主要适用于不需要频繁正、反转的电动机，而后者则主要适用于需要频繁正、反转的电动机。

（一）接触器联锁的正反转控制电路

图 4.6 所示是用接触器辅助触头作联锁保护的正反转控制电路的原理图。图中采用两个接触器，当正转接触器 KM1 的主触头闭合时，三相电源的相序按 L1、L2、L3 接入电动机，电动机正转。而当反转接触器 KM2 的主触头闭合时，三相电源的相序按 L3、L2、L1 接入电动机，电动机即反转。

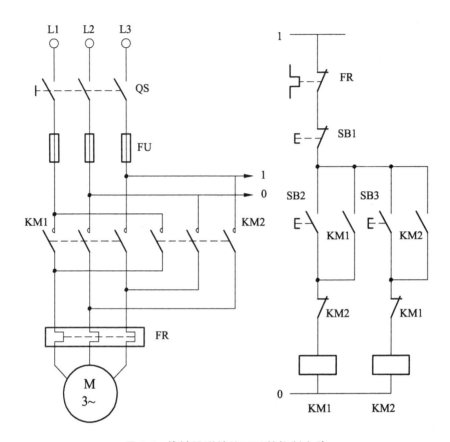

图 4.6　接触器联锁的正反转控制电路

控制电路中接触器 KM1 和 KM2 不能同时通电,否则它们的主触头就会同时闭合,将造成 L1 和 L3 两相电源短路。为此在接触器 KM1 和 KM2 各自的线圈回路中互相串联对方的一副动断辅助触头 KM2 和 KM1,以保证接触器 KM1 和 KM2 的线圈不会同时通电。这两副动断辅助触头在电路中起联锁作用。

其工作原理为:当按下启动按钮 SB2 时,正转接触器的线圈 KM1 得电,正转接触器 KM1 吸合,使其常开辅助触头 KM1 闭合自锁,其主触头 KM1 的闭合使电动机正向运转,而其常闭辅助触头 KM1 断开,则切断了反转接触器 KM2 的线圈的电路。这时如果按下反转启动按钮 SB3,线圈 KM2 也不能得电,反转接触器 KM2 就不能吸合,可以避免造成电源短路故障。欲使正向旋转的电动机改变其旋转方向,必须先按下停止按钮 SB1,待电动机停下后再按下反转按钮 SB3,电动机就会反向运转。

这种控制电路的优点是工作安全可靠,缺点是操作不方便,因为要改变电动机的转向时,必须先按停止按钮 SB1。例如,电动机从正转变为反转时,必须先按下停止按钮 SB1 后,才能按反转启动按钮,否则由于接触器的联锁作用,不能实现反转。为克服此电路的不足,可采用按钮联锁或按钮和接触器双重联锁的正反转控制电路。

（二）按钮联锁的正反转控制电路

按钮联锁正反转控制电路如图 4.7 所示。图中 SB2、SB3 为复合按钮，各有一对动断触头和动合触头，分别串联在对方接触器线圈支路中，这样只要按下按钮，就自然切断了对方接触器线圈支路，实现互锁。这种互锁是利用按钮来实现的，所以称为按钮互锁。

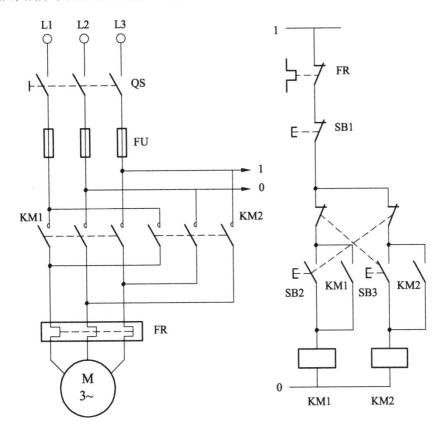

图 4.7　按钮联锁的正反转控制电路

其工作原理为当按下反转按钮 SB3 时，首先使串接在正转控制电路中的反转按钮 SB3 的常闭触头断开，正转接触器 KM1 的线圈断电，接触器 KM1 释放，其主触头断开，电动机断电；接着反转按钮 SB3 的常开触头闭合，使反转接触器 KM2 的线圈得电，接触器 KM2 吸合，其主触头闭合，电动机反向运转。同理，由反转运行转换成正转运行时，也无须按下停止按钮 SB1，而直接按下正转按钮 SB2 即可。

这种控制电路的优点是操作方便。但是，当已断电的接触器释放的速度太慢，而操作按钮的速度又太快，且刚通电的接触器吸合的速度也较快时，即已断电的接触器还未释放，而刚通电的接触器却也吸合时，会产生短路故障。因此，单用按钮联锁的正反转控制电路还不太安全可靠。

（三）双重联锁的正反转控制电路

双重联锁的正反转控制电路如图 4.8 所示。该电路结合了电气联锁和机械联锁的优点，是一种比较完善的既能实现正、反转直接启动的要求，又具有较高安全可靠性的电路。

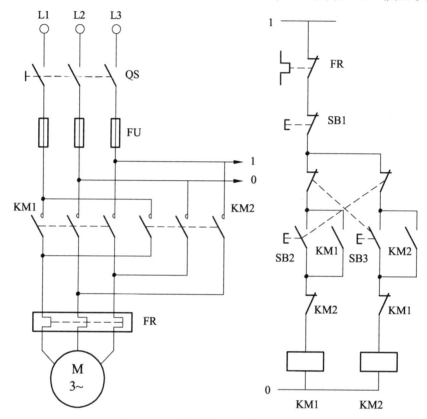

图 4.8　双重联锁的正反转控制电路

五、顺序控制电路图

所谓顺序控制就是指针对顺序控制系统，按照生产工艺预先规定的顺序，在各个输入信号的作用下，根据内部状态和时间的顺序，在生产过程中各个执行机构自动地有秩序地进行操作。如果一个控制系统可以分解成几个独立的控制动作，且这些动作必须严格按照一定的先后次序执行，才能保证生产过程的正常运行，那么系统的这种控制称为顺序控制。要求几台电动机的启动或停止必须按一定的先后顺序来完成的控制方式，叫作顺序控制。

（一）同时启动、同时停止的控制电路

同时启动、同时停止的控制电路如图 4.9 所示。

图 4.9（b）、（c）、（d）为两个（或多个）接触器分别控制两台（或多台）电动机的同时启动、同时停止控制电路。其中（b）图中只用一对接触器动合触头做自锁，（c）图用两对（或多对）接触器动合触头并联做自锁，（d）图用两对（或多对）接触器动合触头串联做自锁。

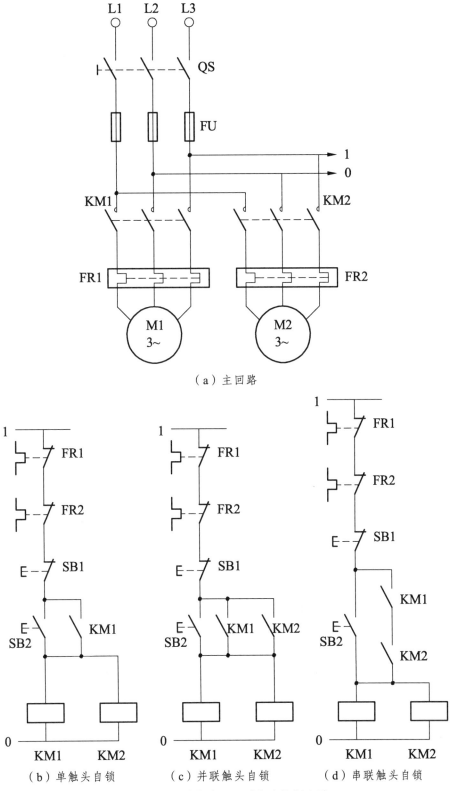

（a）主回路

（b）单触头自锁　　　（c）并联触头自锁　　　（d）串联触头自锁

图 4.9　同时启动、同时停止控制电路

（二）顺序启动、同时停止的控制电路

顺序启动、同时停止的控制电路如图 4.10 所示，电动机 M1 启动运行之后电动机 M2 才被允许启动。其主回路与图 4.9 的主回路是一样的，就不列出。

图 4.10（a）控制电路是通过接触器 KM1 的自锁触头来制约接触器 KM2 的线圈的。只有在 KM1 动作后，KM2 才被允许动作。

图 4.10（b）控制电路是通过接触器 KM1 的联锁触头来制约接触器 KM2 的线圈的，也只有 KM1 动作后，KM2 才被允许动作。

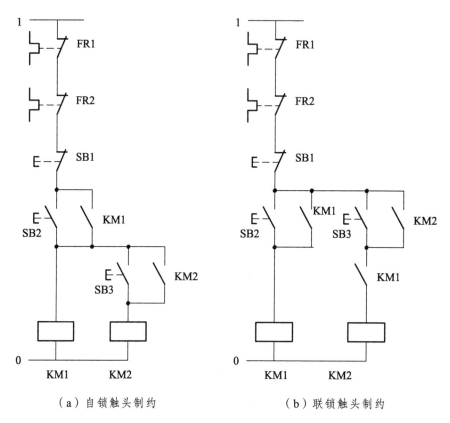

（a）自锁触头制约   （b）联锁触头制约

图 4.10 顺序启动、同时停止控制电路

（三）同时启动、顺序停止的控制电路

同时启动、顺序停止的控制电路如图 4.11 所示。其主回路与图 4.9 的主回路是一样的，此处不再列出。

图 4.11 中接触器 KM1 的动合触头串联在接触器 KM2 的线圈支路，这样不仅使接触器 KM1 与接触器 KM2 同时动作，而且只有 KM1 断电释放后，按下按钮 SB3 才可使接触器 KM2 断电释放。

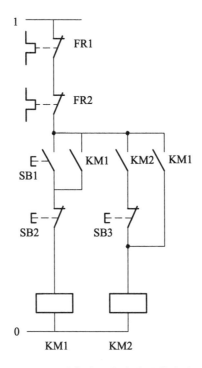

图 4.11 同时启动、顺序停止控制电路

六、Y-△降压启动控制电路图

对于三相交流异步电动机直接启动，虽然控制电路结构简单，使用维护方便，但异步电动机的启动电流很大（约为正常工作电流的 4~7 倍），如果电源容量不比电动机容量大许多倍，则启动电流可能会明显地影响同一电网中其他电气设备的正常运行。因此，对于三相交流异步电动机可采用 Y-△降压启动方式。Y-△转换降压启动可以实现平滑的启动，对电机和负载没有冲击，可延长设备的使用寿命，消除冲击的负面影响，同时软启动接线简单。

Y-△启动控制电路有接触器控制切换和时间继电器自动切换两种。

接触器控制切换的 Y-△减压启动控制电路如图 4.12 所示。启动时，先合上电源开关 QS，然后按下启动按钮 SB2，接触器 KM1、KM3 线圈和时间继电器 KT 得电。KM1 线圈得电使得其辅助常开触点（正上方）闭合实现自锁，同时 KM1、KM3 主触点闭合，主回路中的定子绕组接成 Y 形，电动机降压启动。工作一段时间后，KT 计时到，KM3 线圈失电释放，KM3 主触点断开，电动机不再保持 Y 形接法；与此同时，接触器 KM3 的常闭辅助触头恢复闭合，使接触器 KM2 因线圈得电而吸合并自锁，KM2 主触头闭合，使电动机以△接法投入正常运行，而且接触器 KM2 的常闭辅助触头也断开，起到了与接触器 KM3 的联锁作用。

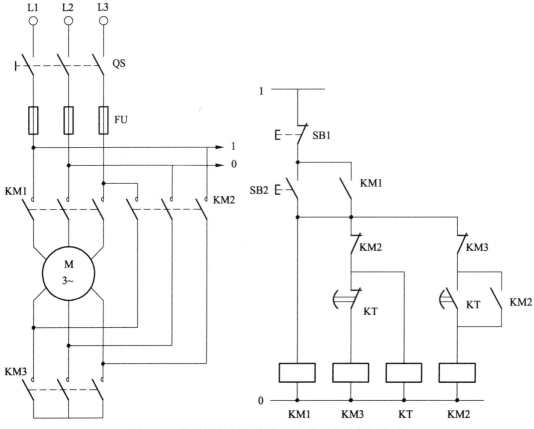

图 4.12　接触器控制切换的 Y-△降压启动控制电路

图 4.13 所示为时间继电器自动切换的 Y-△减压启动控制电路。启动时，先合上电源开关

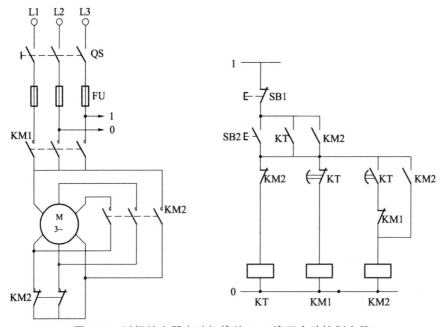

图 4.13　时间继电器自动切换的 Y-△降压启动控制电路

QS，然后按下启动按钮 SB2，接触器 KM1 与时间继电器 KT 因线圈得电而同时吸合并自锁，接触器 KM1 的主触头闭合，将电动机的定子绕组接成 Y 形，电动机以 Y 接法启动。当时间继电器 KT 到达延时值时，其延时断开的常闭触头 KT 断开，使接触器 KM1 线圈失电而释放，KM1 主触头断开，使电动机 Y 接法启动结束。与此同时，时间继电器 KT 延时闭合的常开触头闭合，使接触器 KM2 因线圈得电而吸合并自锁，KM2 主触头闭合，将电动机的定子绕组接成 △ 形，然后 KM1 再重新通电，使电动机 △ 接法投入正常运行。

Y-△ 启动的优点在于 Y 形启动时，启动电流只是原来 △ 接法时的 1/3，数值较小，而且结构简单、价格便宜。缺点是 Y 形启动时启动转矩也相应下降为原来 △ 形接法时的 1/3，其值较小，因而 Y-△ 启动只适用于空载或轻载启动的场合。

七、制动控制电路图

当正在运转中的三相异步电动机突然切断电源时，由于其转动部分储存有动能，将使转子继续旋转，直至转动部分所储存的动能全部消耗完毕，电动机才会停止转动。如果不采取任何措施，动能只能消耗在运转所产生的风阻和轴承摩擦损耗上，因为这些损耗很小，所以电动机需要较长的时间才能停转。而生产中要求起重机的吊钩或卷扬机的吊篮定位准确，万能铣床的主轴能迅速停下来，并且在机床加工机器零件时，当零件加工完毕后，需要机床尽快停车，以便卸下已加工好的零件，再装上另一个待加工的零件，从而提高工作效率。上述这些都需要对电动机进行制动，使异步电动机迅速停止下来，制动方法有两大类：机械制动和电气制动。

机械制动是在电动机断电后利用机械装置对其转轴施加相反的作用力矩（制动力矩）来进行制动。电磁抱闸就是常用方法之一，结构上电磁抱闸由制动电磁铁和闸瓦制动器组成。断电制动型电磁抱闸在电磁线圈断电时，利用闸瓦对电动机轴进行制动；在电磁铁线圈得电时，松开闸瓦，电动机可以自由转动。这种制动在超重机械上被广泛采用。

电气制动是使电动机停车时产生一个与转子原来的实际旋转方向相反的电磁力矩（制动力矩）来进行制动。常用的电气制动有反接制动和能耗制动等。

（一）反接制动

反接制动是在电动机的原三相电源被切断后，立即通上与原相序相反的三相交流电源，以形成与原转向相反的电磁力矩，利用这个制动力矩使电动机迅速停止转动。这种制动方式必须在电动机转速降到接近零时切除电源，否则因为有反向力矩可能会使电动机反向旋转，造成事故。

三相异步电动机单向运转反接制动控制电路如图 4.14 所示。

由于反接制动时，旋转磁场与转子的相对速度很高，转子感应电动势很大，转子电流比直接启动时的电流还大。因此，反接制动电流一般为电动机额定电流的 10 倍左右（相当于全压直接启动时电流的 2 倍）。故应在主电路中串接一定的制动电阻 R，以限制反接制动电流。速度继电器 KV 与电动机同轴，当电动机转速上升到一定数值时，速度继电器的动合触头闭合，为制动做好准备。制动时转速迅速下降，当其转速下降到接近零时，速度继电器动合触头恢复断开，接触器 KM2 线圈断电，防止电动机反转。

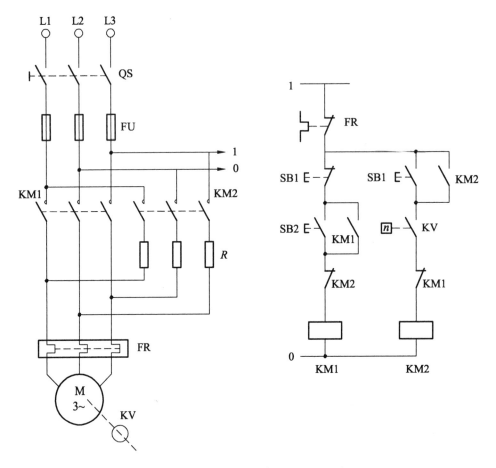

图 4.14　单向运转反接制动控制电路

反接制动的优点是制动迅速，但制动冲击大，能量消耗也大。故常用于不经常启动和制动的大容量电动机。

（二）能耗制动控制电路

能耗制动是将运转的电动机脱离三相交流电源的同时，给定子绕组加一直流电源，以产生一个静止磁场，利用转子感应电流与静止磁场的作用，产生反向电磁力矩而制动的。能耗制动时制动力矩大小与转速有关，转速越高，制动力矩越大，随转速的降低制动力矩也下降，当转速为零时，制动力矩消失。

1. 时间原则控制的能耗制动控制电路

如图 4.15 所示，在进行能耗制动时所需的直流电源由四个二极管组成单相桥式整流电路通过接触器 KM2 引入，交流电源与直流电源的切换由 KM1 和 KM2 来完成，制动时间由时间继电器 KT 决定。

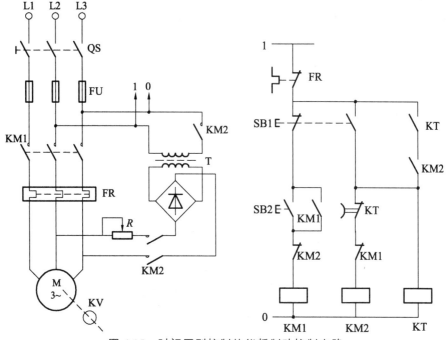

图 4.15　时间原则控制的能耗制动控制电路

2. 速度原则控制的能耗制动控制电路

如图 4.16 所示，其动作原理与图 4.14 单向运转反接制动控制电路相似。能耗制动的优点是制动准确、平稳、能量消耗小，但需要整流设备，故常用于要求制动平稳、准确和启动频繁的容量较大的电动机。

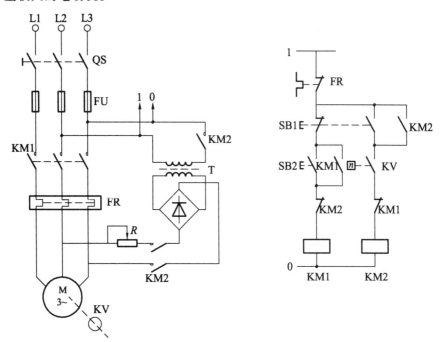

图 4.16　速度原则控制的能耗制动控制电路

第三节　CA6140 型车床电气控制原理图的识图与绘图

一、车床控制要求与运动形式

在金属切削机床中，车床应用极为广泛，而且所占比例最大。它能切削外圆、内圆、端面、螺纹，并可以用钻头和铰刀等进行加工。现以 CA6140 型普通车床为例来说明车床的控制要求和运动形式。

CA6140 型普通车床的主要结构如图 4.17 所示，其主要由床身、主轴箱、进给箱、溜板箱、刀架、丝杠、光杠、尾座等组成。

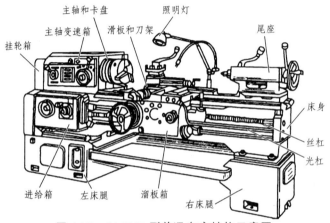

图 4.17　CA6140 型普通车床结构示意图

（一）控制要求

（1）主轴电动机一般采用三相笼型异步电动机，不进行电气调速，而是通过齿轮箱进行机械调速。

（2）在车削螺纹时，要求主轴有正反转功能，正转与反转的转换通过机械方法来实现。

（3）主轴电动机的启动、停止采用按钮操作。

（4）刀架移动速度和主轴转动速度有固定的比例关系，以便满足对螺纹的加工需要。

（5）车削加工时，需要切削液冷却工件，所以必须配有冷却泵电动机，且要求主电动机启动之后，冷却泵电动机才可启动，而当主电动机停止时，冷却泵电动机应立刻停止。

（6）必须配有过载、短路、失压和欠压保护。

（二）工作原理

车床的切削运动包括工件旋转的主运动和刀具的直线进给运动。主运动是卡盘或卡盘与顶尖带着工件的旋转运动，车床的进给运动是刀架带动刀具的直线运动。溜板箱把丝杠或光杠的转动传递给刀架部分，变换溜板箱外的手柄位置，经刀架部分使车刀做纵向或横向进给。车床的辅助运动为尾座的纵向移动，工件的夹紧或放松等。

二、车床电气控制电路图分析

CA6140 型车床的电气控制电路如图 4.18 所示。该电气控制电路分为主回路、控制回路、照明与信号灯回路三部分。

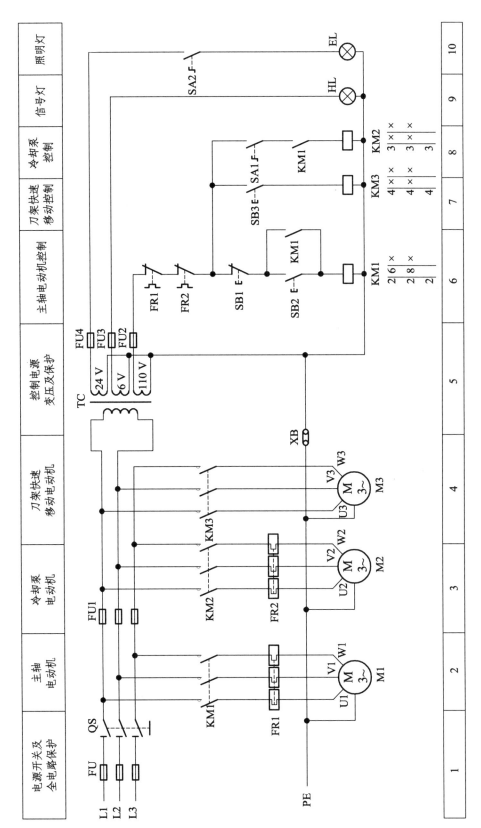

图 4.18 CA6140 型普通车床控制电路图

图 4.18 下方为图区栏，按功能划分图区，共有 10 个图区，从左至右依次用数字 1 ~ 10 编号；上方文字栏标明了各图区单元支路的用途。

表 4.1 是接触器线圈符号下的数字标记说明表，对 KM1 的数字标记进行了具体说明，KM2 和 KM3 的数字标记根据表 4.1 也能清楚其含义。

表 4.1　接触器线圈符号下的数字标记说明

栏目			左栏	中栏	右栏
左	中	右	主触头所处图区号	辅助常开触头所处图区号	辅助常闭触头所处图区号
2	6	×	3 对主触头在图区 2	一对辅助常开触头在图区 6，另一对辅助常开触头在图区 8	2 对辅助常闭触头未用
2	8	×			
2					

该控制电路中，主轴电动机 M1 是由启动按钮 SB2 和停止按钮 SB1 及接触器 KM1 控制的。冷却泵电动机 M2 是采用开关 SA1 和接触器 KM2 控制的，M2 与 M1 是联锁的，只有主轴电动机 M1 运转后，冷却泵电动机 M2 才能启动运转。刀架快速移动电动机 M3 是由点动按钮 SB3 及接触器 KM3 控制的。

（一）主回路分析

由图 4.18 可知，主电路由隔离开关 QS，熔断器 FU1、FU2，接触器 KM1、KM2、KM3 的主触头，热继电器 FR1、FR2 的热元件和三相异步电动机 M1、M2、M3 组成。

隔离开关 QS 的作用是引入三相电源 L1、12、L3 并起隔离作用；熔断器 FU1、FU2 的作用是做短路保护；接触器 KM1 的主触头接通或断开主轴电动机 M1 的三相电源；接触器 KM2 的主触头接通或断开冷却泵电动机 M2 的三相电源；接触器 KM3 的主触头接通或断开刀架快速移动电动机 M3 的三相电源；FR1 和 FR2 是热继电器的感测元件，分别用于电动机 M1 和 M2 的过载保护。

（二）控制回路分析

由图 4.18 可知，该车床控制电路的电源由控制变压器 TC 的二次侧提供其值为 110 V 的交流电压，熔断器 FU2 做控制电路的短路保护。热继电器的常闭触头 FR1 和 FR2 做三相异步电动机 M1 和 M2 的过载保护。

1. 主轴电动机 M1 的控制

首先合上电源开关 QS，接通三相电源。欲启动主轴电动机 M1 时，按下启动按钮 SB2，接触器 KM1 的线圈得电吸合，其主触头 KM1 闭合，接通电动机 M1 的三相电源，电动机 M1 启动并运转。与此同时，接触器的一组常开辅助触头 KM1（与按钮 SB2 并联的常开辅助触头）闭合，实现 KM1 的自锁，而另一组常开辅助触头 KM1 闭合，为冷却泵电动机 M2 工作做好准备。欲停止主轴电动机 M1 时，按下停止按钮 SB1，接触器 KM1 的线圈失电释放，其主触头 KM1 分断，切除了电动机 M1 的三相电源，电动机 M1 断电停止转动。

2. 冷却泵电动机 M2 的控制

由图 4.18 可知，冷却泵电动机 M2 与主轴电动机 M1 之间存在顺序控制关系，即电动机 M2 需在 M1 启动后才能启动，如 M1 停转，M2 也同时停转。因此，电动机 M2 的启动条件为在接触器 KM1 的常开辅助触头闭合后（即主轴电动机启动后），由旋钮开关 SA1 来控制接触器 KM2 吸合与释放，从而控制冷却泵电动机 M2 的启动和停止。

3. 刀架移动电动机 M3 控制

刀架移动电动机 M3 的启动是由安装在进给操纵手柄顶部的按钮 SB3 来控制的。由图 4.18 可知，其为点动控制电路。当操纵手柄扳到所需要方向并按下按钮 SB3 时，接触器 KM3 线圈得电吸合，其主触头 KM3 闭合，刀架移动电动机 M3 启动运转，刀架就向所需要方向快速移动，实现了刀架（即刀具）的快速移动。

（三）照明和指示回路分析

由图 4.18 可知，信号灯和照明灯电路的电源由控制变压器 TC 提供。HL 为电源指示灯，指示灯（又称信号灯）HL 的电路采用 6 V 交流电压，信号灯亮表示控制电路有电。

EL 为机床的局部照明灯，照明灯 EL 的电路采用 24 V 交流电压，照明电路由开关 SA2 和灯泡 EL 组成。灯泡 EL 的另一端必须接地，以防止照明变压器原绕组和副绕组间发生短路时，可能发生的触电事故。熔断器 FU3、FU4 分别作信号灯电路和照明电路的短路保护。

三、车床电气控制电路图的制图

（一）设定图层

直接点击图层特性管理器，点击新建图层，建立元件图层、连线图层、接点图层、文字图层、虚线图层，并设置其不同的特性。

视频 4.1 CA6140 型普通车床电气控制电路图的制图

（二）主回路图的绘制

（1）单击下拉菜单"插入"工具栏中"块"，从第三章绘制的元件库中找到"熔断器"块、"隔离开关"块、"接触器主动合触头"块、"热继电器"块及"三相电机"块，点击"确定"按钮，将插入的块移动到适当位置。使用"直线"和"修剪"命令将所插入的标准元器件连接在一起，如图 4.19（a）所示。

（2）单击"修改"工具栏中的"复制"命令按钮，以图 4.19（b）所示三相电机的下象限点为复制基准点，向右平移 50 的距离，把选中的对象复制一份，并将三相连接起来，如图 4.19（c）所示。

（3）以第二个三相电机的下象限点为复制基准点，向右平移 35 的距离，把三相接触器主触头和三相电机复制一份，并完成连线，如图 4.19（d）所示。

（4）单击"插入"工具栏中"块"，从第三章绘制的元件库中找到"连接片"块和"接地符号"块，点击"确定"按钮，将插入的块移动到图形适当位置。完成连线后，再切换到虚线图层，使用"直线"命令连线，绘制刀开关、三相接触器主触头、三相热继电器的虚线机械线，得到主回路图形如图 4.19（e）所示。

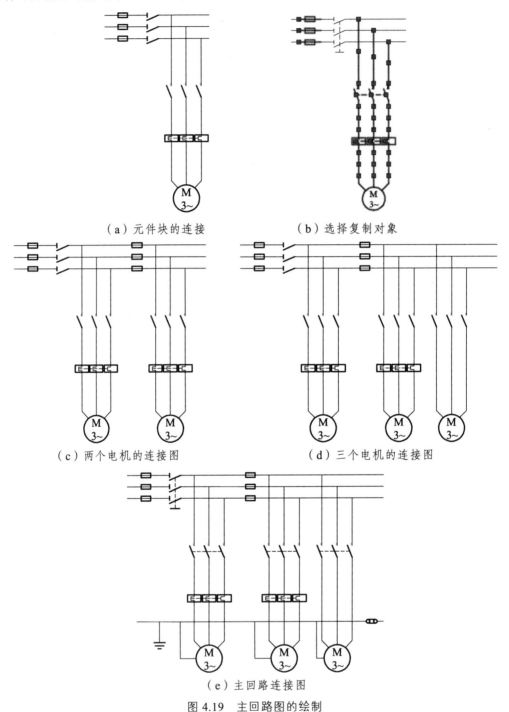

（a）元件块的连接　　　　　　　　　（b）选择复制对象

（c）两个电机的连接图　　　　　　　　（d）三个电机的连接图

（e）主回路连接图

图 4.19　主回路图的绘制

（三）控制回路和照明回路的绘制

（1）首先绘制控制回路主轴电动机控制支路。单击"插入"工具栏中的"块"，依次从以前绘制的元件库中找到"热继电器动断触头""停止按钮开关""启动按钮开关""线圈的动合触头"以及"接触器线圈",将插入的块依次摆放在主回路右侧合适位置,如图 4.20(a)所示。

(2)再次使用"插入"工具栏中的"块"命令,依次插入控制回路中刀架快速移动控制、冷却泵控制的图元,将各图元位置摆放好,再进行位置调整,然后连线,得到 KM1~KM3 的控制回路,如图 4.20(b)所示。

(3)使用同样的方法,依次插入照明回路的图元,将各图元位置摆放好,再进行位置调整,然后连线,得到控制回路和照明回路,如图 4.20(c)所示。

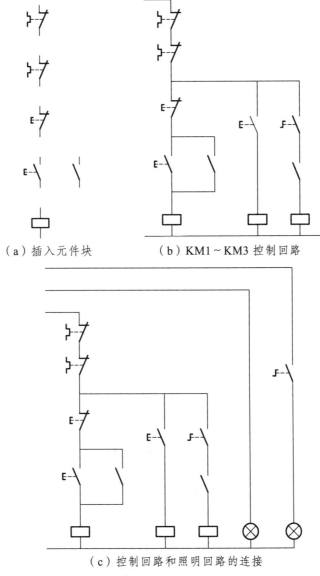

(a)插入元件块 　　　　　　(b)KM1~KM3 控制回路

(c)控制回路和照明回路的连接

图 4.20 控制回路和照明回路图的绘制

(四)连接主回路与控制回路

首先单击"插入"工具栏中的"块",找到控制电源变压模块及保护图元块,将插入的块摆放适当位置,然后前面所绘制的主回路与控制回路位置调整好,按图中要求进行连线,并在连线交点处插入连接点。最终完成 CA6140 型普通车床控制电路连线图的绘制，如图 4.21 所示。

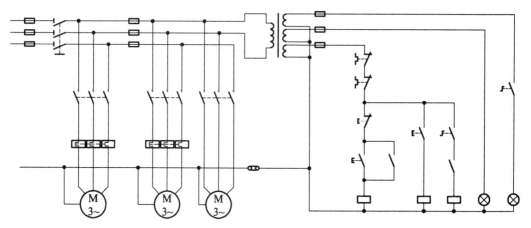

图 4.21　CA6140 型普通车床控制电路的连线图

（五）注释文字

单击"绘图"工具栏中的"多行文字"命令，输入一个图元的注释文字，然后用复制命令，在其他图元的对应位置复制文字，双击文字进行修改。最后绘制文字框线，图形完成标注后，绘制效果如图 4.18 所示。

第四节　电容补偿电路原理图的识图与绘图

一、电容补偿概述

电网在运行中存在大量的感性负荷，这些负荷除了要消耗有功功率外，还要消耗一定的无功功率，这就造成了功率因素降低。功率因数降得越低，电网所需要的无功就越多，电路损耗就越大。

电容补偿能保持电力系统无功功率平衡，降低损耗，提高电网的供电质量。因此，合理地选择电容补偿，既能有效地维持系统的电压水平，提高电压稳定性，又能避免大量无功的远距离传输，从而降低有功损耗，提高设备的利用率。

（一）电容补偿的种类

电容补偿按工作特性可分为静态补偿、动态补偿、智能补偿。

静态补偿一般采用机械式接触器投切电容器组，适用于负载变化比较小的场合。

动态补偿采用可控硅控制电容器的投入与切除，其控制过程是选择电路上的电压和电容器上的电压相等时投入、切除，此时流过可控硅和电容器的电流为零，这样就避免了涌流的产生，同时也不产生电弧及噪声。采用可控硅控制电容器无须放电即可重新投入，动态响应时间在 1 个周期（20 ms）之内。因此，动态补偿适用于能够实现快速、准确自动跟踪的补偿装置之中。

模块化低压智能补偿装置使低压无功补偿更简单化、标准化。模块化结构，即电子电路集成化，将采样、控制、投切、保护和电容等元件集成在标准模块内，刀开关下只有模块装置（将以往的控制器、接触器、继电器、电容、熔断器等都取消了）。装置投入后，当欠补时，补偿容量可随时调整，当三相不平衡时可分补，补偿方式可根据负载的变化进行调整。补偿方式更加灵活，可满足不同客户要求。

因静态补偿投入成本较低，在现阶段还是得到了众多用户的首选。

（二）电容补偿的接线方式

电容补偿接线方式按性质分为三相电容自动补偿（共补）、分相电容自动补偿（分补）和三相混合补偿（混补）三种方式。

三相电容自动补偿适用于三相负载平衡的供配电系统。因三相回路平衡，回路中无功电流相同。所以在补偿时，调节无功功率参数的信号取自三相中的任意一相即可，三相回路同时投切可以同时保证三相电压的质量。三相电容自动补偿适用于有大量的三相用电设备的厂矿企业中，是目前应用最广泛的方式。

对于三相不平衡的用电系统，必须采用分相电容自动补偿或三相混合补偿方式。在民用中大量使用的是单相负荷，照明、空调等设备由于负荷变化的随机性大，容易造成三相负荷的严重不平衡。尤其是在住宅楼的供电系统中，三相不平衡更为严重。分相补偿调节无功功率的采样电流信号分别取自三相中的每一相，根据每一相感性负载的大小和功率的高低进行相应的补偿，对其他相不产生相互影响，故不会产生欠补偿和过补偿的情况。因此其补偿方式适用于存在有大量使用单相用电负载的场合，并且容易产生三相不平衡的用电单位，如住宅小区、宾馆、饭店、大型商场等民用建筑的配电系统中。

如图 4.22 所示，对于共补接线方式，三相共补电容器有三个接线端，分别接 A、B、C，分补电容器有四个接线端，分别接 A、B、C、N。在投入补偿方式时，三相共补电容器应同时投入，分补电容器可以单相分别投入运行。

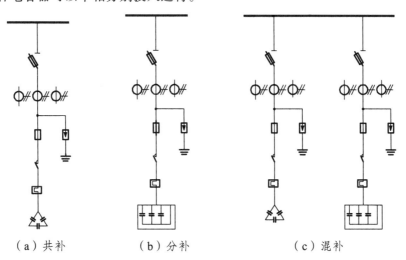

（a）共补　　　　（b）分补　　　　（c）混补

图 4.22　电容补偿的接线方式

（三）电容补偿主回路的配置方案

（1）主开关的选择：主开关一般采用刀熔开关，其容量的选择为不应小于电容器组额定电流的 1.43 倍并不宜大于额定电流的 1.55 倍。

（2）避雷器的选择：应选用无间隙金属氧化物避雷器。

（3）电容补偿回路数的选择：常用的补偿回路数有 4 路、6 路、8 路、10 路、12 路等。

（4）低压电容器的选择：选择电容器时要考虑多方面因素，首先电容器需要能够承受工厂的最高电压电流，保证电容在同等条件下选用寿命更长的种类。基本性能保证完毕后，还要对节能环保进行有效考虑。电容器可采用自愈式技术和分段薄膜技术，设置预充电电阻，将灾难性的损坏排除掉，改进为自愈性的损坏。一定要记住不能选用油浸式的电容器，从而有效防治火灾。

（5）其他设备的选择：电流表，投入和切除信号指示（指示灯），功率因素表（可选），电压表（可选）及手动转换开关（可选）。

（四）电容补偿控制回路的配置方案

（1）保护器件的选择：一般选用半导体专用的快速熔断器，熔断器熔芯的额定电流按 $1.75 I_N$ 选择（I_N 为电容器的额定电流）。

（2）投切开关的选择：基本采用 CJ19 系列接触器，本身带有抑制涌流装置，能有效地减小合闸涌流对电容器的冲击和抑制开断时的过电压。

（3）热继电器的选择：JR36 系列为经常采用的热继电器。

（4）控制器的选择：推荐采用单片机型的控制器，分析计算有功和无功的取样值，从而自动区分出工作用和备用的电容器，按要求自动选择，使每个电容都能运行相同的时间。另外，控制器还有保护功能。

（5）电抗器的选择：如果应用于存在大量非线性负荷的情况，必须串接电抗器抑制高次谐波和限制电容器的合闸涌流。电抗器额定容量大多数情况下取电容器组容量的 2%以上就行，如果系统存在 3 次、5 次谐波，最好选用容量的 6% ~ 7%。

二、八路电容补偿电路原理图分析

八路电容补偿电路原理如图 4.23 所示。该电气图分为主回路、控制回路、电流测量回路三部分。

（一）主回路分析

本电容补偿方案考虑运用于大型生产企业，三相用电设备使用量大，所以补偿接线方式采用并联电容的三相共补方式。系统设有八路补偿回路，由控制器控制接触器的吸合。三相回路同时投切，可以保证三相电压的质量。

由图 4.23 可知，主电路由熔断器式隔离开关 QS-FU、电流互感器 TA1 ~ TA3、避雷器 F1 ~ F3、熔断器 1FU ~ 8FU、接触器 KM1 ~ KM8 的主触头、热继电器 FR1 ~ FR8 的热元件和八组电容器 $C1$ ~ $C8$ 组成。

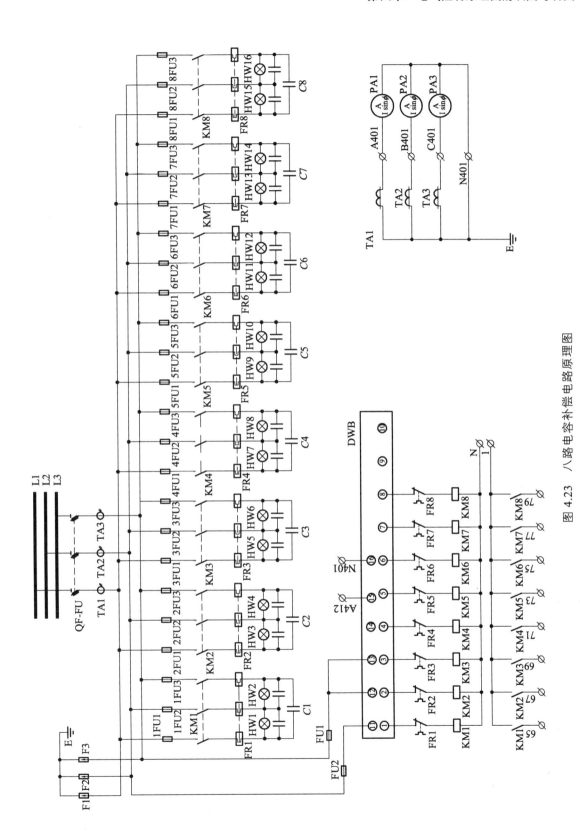

图 4.23 八路电容补偿电路原理图

QS-FU 的作用是引入三相电源 L1、12、L3，并起隔离作用；熔断器 1FU ~ 8FU 的作用是做短路保护；接触器 KM1 ~ KM8 的主触头控制八组电容器的投入和切除；FR1 ~ FR8 是热继电器的感测元件，分别用于八组电容器的过载保护；避雷器 F1 ~ F3 通过并联放电间隙或非线性电阻的作用，对入侵流动波进行削幅，降低被保护设备所受过电压值，从而达到保护电力设备的作用。

（二）控制回路分析

由图 4.23 可知，电容补偿的工作过程是当合上主开关 QS-FU，接通三相电源，无功功率补偿控制器 DWB 进行实时监测，根据电路电压和电流的相位差输出控制信号，控制交流接触器 KM1 ~ KM8 闭合和断开，从而控制电容器 C1 ~ C8 投入和退出，对电网进行无功补偿。

当电容器投入电网时，对应的三相指示灯亮。若三相电压缺相，则对应路数的三相指示灯亮度也会变暗，便于及时发现熔断器是否损坏。

（三）电流测量回路分析

正常用电中补偿装置电压一经确定，一般不会变化，变化的主要是电流。TA1 ~ TA3 互感器上的电流能反映所要补偿的整个电路的负载的变化情况，可以检测三相电流的情况并在电流表中显示结果，精密电流互感器所测得的数据被传输至后台监控系统。

三、八路电容补偿电路原理图的制图

视频 4.2 八路电容
补偿电路原理图的制图

（一）设定图层

直接点击图层特性管理器，建立不同的图层，并分别为图层命名，设置线型、线宽及相应颜色。

（二）主回路图的绘制

（1）使用多段线命令，绘制三相母线 L1 ~ L3，线宽设置为 2，线长为 85。再使用插入块命令，从以前绘制的元件库中找到"熔断器式隔离开关"块、"电流互感器"块、点击"确定"按钮，将插入的块移动到适当位置。使用直线命令将所插入的标准元器件连接在一起，如图 4.23（a）所示。

（2）使用复制命令，以图 4.24（a）所示的垂直主开关组为复制对象，复制刀熔开关和互感器两份，如图 4.24（b）所示。

（3）单击"插入"工具栏中"块"，从以前绘制的元件库中找到"熔断器"块、"接触器主动合触头"块、"热继电器"块、"信号灯"块和"电容器"块，点击"确定"按钮，将插入的块移动到图形适当位置，并使用"复制"命令进行复制，使用"直线"命令连线，然后使用"修剪"命令进行修剪，完成后，如图 4.24（c）所示。

（4）复制熔断器至电容器的整个模块，共七份，如图 4.24（d）所示。

（5）绘图方法同上，添加避雷和接地符号，绘制熔断器式隔离开关 QS-FU，接触器 KM1 ~ KM8 的主触头，热继电器 FR1 ~ FR8 的虚线，完成接线后，得到的主回路图形如图 4.24（e）所示。

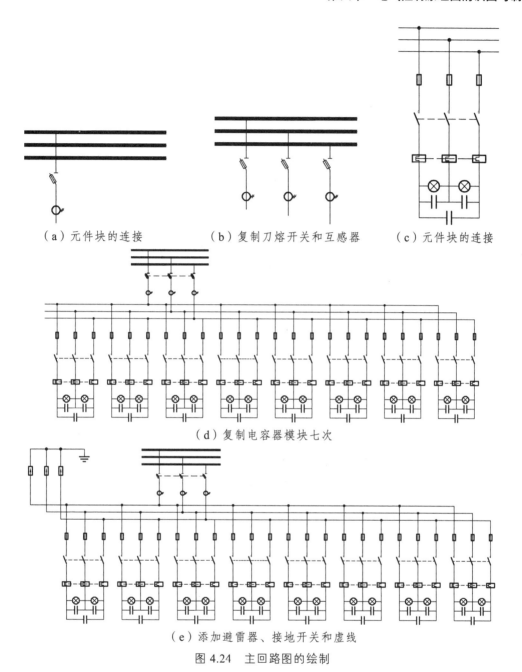

（a）元件块的连接　　　（b）复制刀熔开关和互感器　　　（c）元件块的连接

（d）复制电容器模块七次

（e）添加避雷器、接地开关和虚线

图 4.24　主回路图的绘制

（三）控制回路图的绘制

（1）使用矩形和圆命令，绘制无功功率控制器 DWB 模块，该模块有 16 个端口，如图 4.25（a）所示。

（2）单击"插入"工具栏中的"块"，在 DWB 上方插入"熔断器"块，然后在 DWB 下方依次插入"热继电器动断触头"块、"接触器线圈"块、"动合触头"块以及"接线端子"块，再进行位置调整及连线，如图 4.25（b）所示。

（3）选择 DWB 下方的全部模块，复制七份，进行位置调整及连线，得到八路电容补偿的控制回路图，如图 4.25（c）所示。

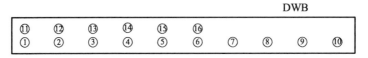

（a）绘制无功功率控制器 DWB 模块

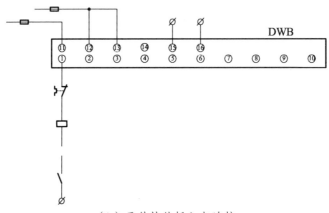

（b）元件块的插入与连接

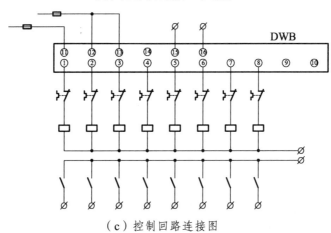

（c）控制回路连接图

图 4.25　控制回路图的绘制

（四）电流测量回路图的绘制

首先，依次插入"电流互感器"块、"接线端子"块以及"电流表"块，进行连线；然后选择各模块进行复制，共 3 份，删除多余部分；最后插入"接地符号"块，进行连线完成电流测量回路的绘制，如图 4.26 所示。

（五）连接各个回路

将所绘制的主回路、控制回路、电流测量回路位置调整好，按图中要求进行连线，完成八路电容补偿控制电路连线图的绘制，如图 4.27 所示。

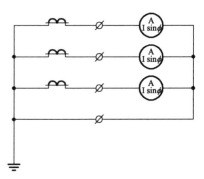

图 4.26　电流测量回路图的绘制

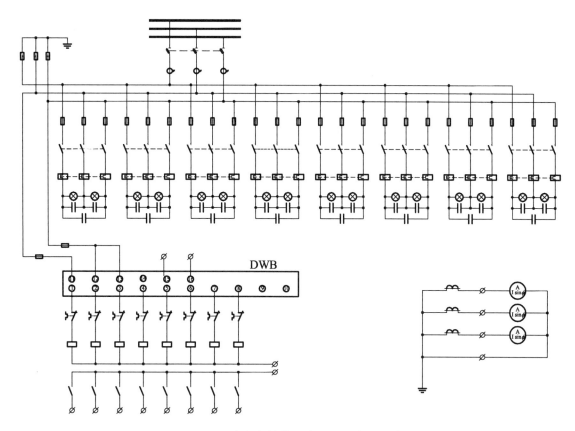

图 4.27　八路电容补偿电路原理连线图的绘制

（六）注释文字

单击"绘图"工具栏中的"多行文字"命令，输入一个图元的注释文字，然后用复制命令，在其他图元的对应位置复制文字，双击文字进行修改。图形完成标注后，绘制效果如图4.23 所示。

思考与实例练习

1. 某水泵由一台三相笼型异步电动机拖动，按下列要求设计电气控制电路：

（1）采用 Y-△减压启动；

（2）有三处控制电动机的启动和停止；

（3）要有必要的保护环节。

2. 图 4.28 所示为可逆运行反接制动控制电路，KM1、KM2 为正反转接触器，KM3 为短接电阻接触器，KA1、KA2、KA3 为中间继电器，KV 为速度继电器，KV1 为正转动合触头，KV2 为反转动合触头，R 为启动和制动电阻。请分析该控制电路的工作原理。

3. 绘制如图 4.29 所示的双电源切换控制原理电路图。

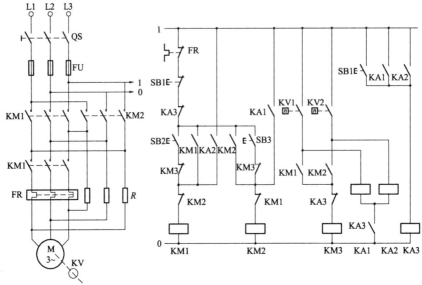

图 4.28   可逆运行反接制动控制电路

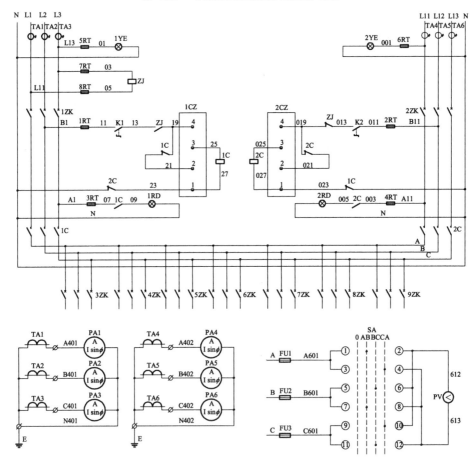

图 4.29   双电源切换控制原理电路图

4. 绘制如图 4.30 所示的 M7120 平面磨床电气控制电路图。

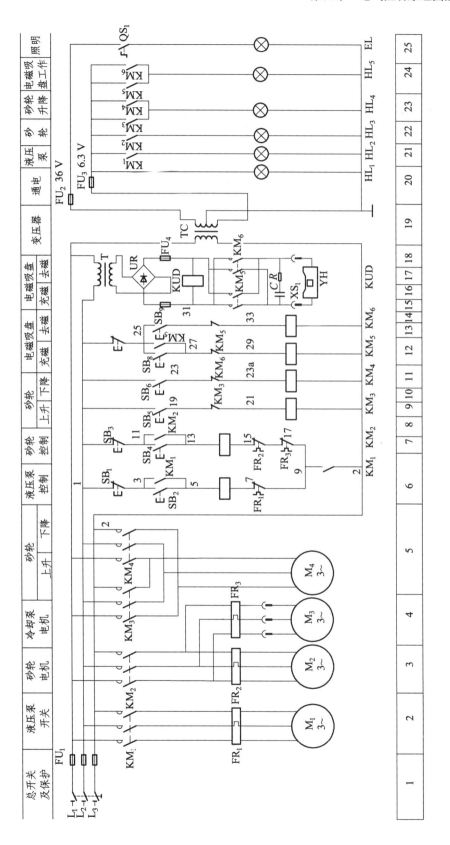

图 4.30　M7120 平面磨床电气控制电路图

第五章　天正电气软件介绍与应用

　　天正电气软件是天正公司总结多年从事电气软件开发经验，结合当前国内同类软件的各自特点，搜集大量设计单位对电气软件的设计需求，向广大设计人员推出的全新智能化软件。在专业功能上，该软件体现了功能系统性和操作灵活性的完美结合，最大限度地贴近工程设计，不仅支持民用建筑电气设计，还支持工业电气设计。在 32 位操作系统环境中天正电气支持 AutoCAD2010 ~ AutoCAD2016，在 64 位操作系统环境中天正电气支持 AutoCAD2010 ~ AutoCAD2021。

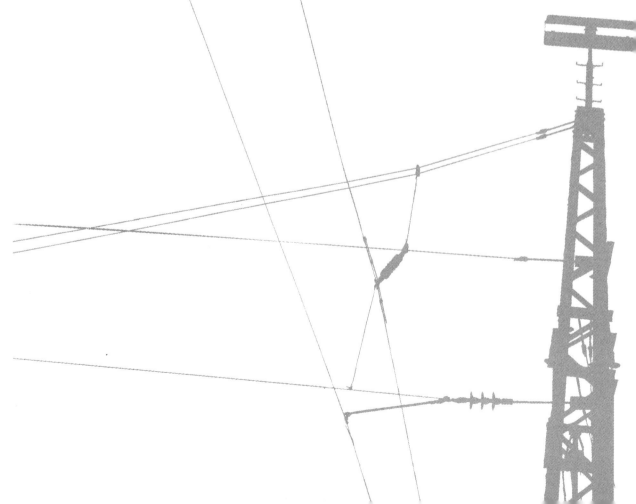

第一节　天正电气概述

一、天正电气软件技术特点

天正电气软件中，高效的折叠式菜单系统可减少鼠标的点击次数，减少查找命令的时间，新设计的彩色图标醒目、美观；文字表格、轴号和尺寸、符号的修改可选择采用在位编辑，文字方向一致，可大幅度地提高效率；工程管理界面合并楼层表、三维组合、图纸集、建筑立剖面，门窗总表、门窗检查、图纸目录功能；提供用户自定义图标工具栏与单键快捷命令，提高执行命令的效率；天正文字具有专业词库与加圈功能。

二、天正电气功能

（一）平面图绘制

软件提供多种平面设备和导线布置方法，具有灵活的右键菜单编辑功能，可方便地绘制动力、照明、弱电、三维桥架、变配电室布置、防雷接地平面图和隧道预留预埋平面布置图；所有图元采用参数化布置，一次性信息录入，标注与材料表统计自动完成；所绘制平面图可自动生成配电箱系统图，并导入负荷计算。

（二）系统图绘制

天正电气软件提高了系统图的智能化水平，可自动生成照明系统图、动力系统图、低压单线系统图，还可方便绘制各种弱电系统图及二次接线图。在自动生成配电箱系统图同时还能完成负荷计算。此外，软件系统提供数百种常用高、低压开关柜回路方案，具有 50 种原理图集供用户选择。

（三）电缆敷设

软件可导入"电缆清册表""电机表"，可自动进行电缆敷设，自动绘制电缆敷设图，自动计算每一回路的电缆长度；也可逐条手工敷设，统计电缆长度，导出清册；可方便查寻每一条电缆路径，该路径自动高亮显示；可查看每段桥架的电缆填充率，不同的填充率可采用不同的颜色高亮显示；可对已经敷设的电缆进行自动标注。

（四）电气计算

天正电气软件提供全面的电气计算功能，适用于建筑电气设计，包括负荷计算、无功功率补偿、照度计算、短路电流计算、电压损失计算、避雷计算（接闪杆计算）等。所有计算结果均可导入 Word 或 Excel 进行保存。

（五）文字表格

天正电气软件可方便地书写和修改中西文混合文字，可使组成天正文字样式的中西文字体有各自的宽高比例，方便地输入和变换文字的上下标，输入特殊字符。表格命令人机交互界面也使用了类似 Excel 的电子表格编辑对话框界面（可与 Excel 进行导入导出），用户可以完整地把握如何控制表格的外观表现，制作出有个性化的表格。表格对象除了独立绘制外，还在材料表自动统计等处获得应用。

（六）全新图库

天正的图库管理程序界面是使用 MFC（微软基础类库）面向对象技术编制的全新对话框界面，图块检索使用分类明晰的树状目录结构。可在类别区、名称区和图块预览区之间随意调整最佳可视大小及相对位置，采用了平面化工具栏，支持拖动技术，符合 Windows 新版本的外观风格与使用习惯。

（七）菜单与工具条

软件具有图标与文字菜单项的屏幕菜单，该菜单具有反映鼠标当前位置的实时提示，对象的夹点设计了功能提示，用户在操作中可以及时得到功能提示和图形对象的丰富信息。特有智能化右键快捷菜单，以及自定义的工具条，体现了人性化设计给用户带来的方便与快捷。

第二节　天正电气软件界面介绍

一、天正电气初始设置

位置：选择菜单→"设置"→"初始设置"（天正工具条第一个按钮）。

功能：设置绘图中图块比例、导线信息、文字字形、字高和宽高比等初始信息。

在菜单上选取命令后，屏幕上出现如图 5.1 所示的"选项"对话框，选择本对话框的"电气设定"标签，进入初始设置界面。利用此对话框可以对绘图时的一些默认值进行修改，对话框中各项目说明如下：

"设备块尺寸"：用于设定图中插入设备图块时图块的大小。这个数字实际上是该图块的插入比例。

"设备至墙距离":设定沿墙插设备块命令中设备至墙线距离的默认尺寸(图中实际尺寸)。

"导线打断间距"：设定导线在执行打断命令时距离设备图块和导线的距离（图中实际尺寸）。注：当前输入的值为 1∶100 绘图比例下的打断间距值，平面布线时的导线打断间距，可以随绘图比例自动调整。

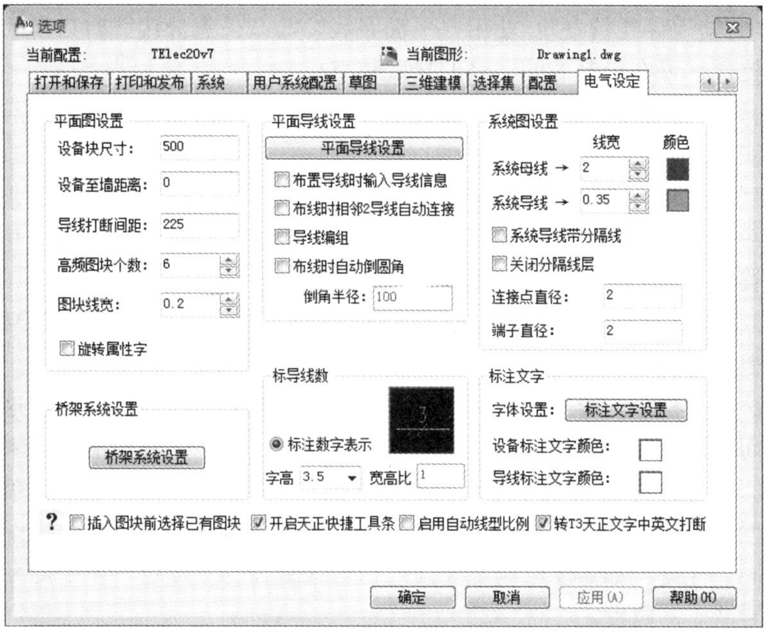

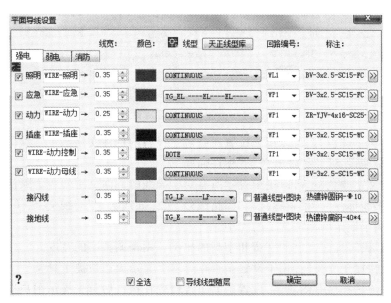

图 5.1　选项对话框

"高频图块个数"：系统自动记忆用户最后使用的图块，并总是置于对话框最上端以方便用户及时找到，其默认值为 6，可根据个人使用情况调整。

"图块线宽"：设置 PL 线绘制的图块的线宽。

"旋转属性字"：默认为否，即程序在旋转带属性字的图块时,属性字保持 0°。例如电话插座在平面图沿墙布置后，"TP" 始终保持垂直面向看图人。

"平面导线设置"：对导线颜色、线宽、线型（可自创新线型）、标注进行初始设置，如图 5.2 所示。

图 5.2　导线设置对话框

"布置导线时输入导线信息"：使用"平面布线"与"任意导线"时启动的对话框中增加导线信息设置控件，可在绘制的同时修改导线信息。

"布线时相邻 2 导线自动连接"：主要针对"平面布线"绘制的导线是否与相邻导线自动连接成一根导线。

"导线编组"：勾选后再使用平面布线命令绘制导线时，导线相交打断后或沿线文字标注后，其连接关系不会被断开，呈编组效果。也就是说选中其中某一段导线，其余与之相连的导线也能同时被选中，仍被认为与其是同一根导线。

"布线时自动倒圆角"：执行"平面布线"命令，绘制导线过程中，相邻导线自动倒圆角，其倒角半径可根据需要自定义。

"标导线数"：该栏中的两个互锁按钮用于选择导线数表示符号的式样。这主要是对于三根导线的情况而言的，可以用三条斜线表示三根导线，也可以用标注的数字来表示。

"系统母线""系统导线"：设定系统图导线的宽度、颜色。设定颜色可以单击颜色选定按钮，便会弹出颜色设置对话框，这种对话框与一些在其他 AutoCAD 命令中调用的颜色设置对话框完全相同。注意：如需要绘制细导线，可将线宽设为 0 即可。系统图元件的宽度默认设定为"系统导线"的宽度。

"系统导线带分隔线"：此设定可控制"系统导线""绘制分隔线"的默认设定。此外也影响自动生成的系统图导线是否画分隔线。

"关闭分隔线层"：分隔线主要应用于系统图导线的绘制，可起到图面元件对齐的作用，在出图时，可使用该选项关闭该层。

"字体设置"：该栏中可以设置电气标注文字、线形文字的样式、字高、宽高比。如"导线标注""灯具标注" 带文字线形中的文字等，如图 5.3 所示。

图 5.3　标注文字设置对话框

"设备标注文字颜色"：可以用于设置所有对于设备的标注文字颜色。默认为白色，包括"标注灯具""标注设备""标注开关""标注插座"。

"导线标注文字颜色"：可以用于设置所有对于导线的标注文字颜色。默认为白色，包括"导线标注""多线标注""批量标注""回路编号""标导线数""沿线文字"（带引线方式）。

"字高"：用于设定所标注文字的大小。

"宽高比"：设定标注文字的字宽和字高的比例，用来调整字的宽度。

"开启天正快捷工具条"：用于设置是否在屏幕上显示天正快捷工具条。

"插入图块前选择已有图块"：设置平面布置命令在执行后首先提示用户选择图中已有图块，可提高绘图速度。

"启用自动线形比例"：用于设置是否启用自动线形比例。

"转 T3 天正文字中英文打断"：天正图纸转 T3 格式时，设置是否将天正文字中英文打断为两个单独的文字。

二、天正电气图层管理

命令位置：选择菜单→"设置"→"图层管理" 。

功能：设定天正图层系统的名称和颜色。

执行"图层管理"命令，弹出图 5.4 所示对话框，通过这个对话框用户可以自由地对图层的名称和颜色进行管理。

设计软件利用图层区分不同类型的对象，天正电气软件所涉及的图层的中、英文名称颜色为天正提供的缺省值，用户使用时可根据自己的喜爱在初始设置时对图层颜色进行修改。

图 5.4　图层管理对话框

对话框功能介绍：

"图层标准"：用于选择不同的已定制图层标准。

"置为当前标准"：将选定的图层标准置为当前标准。

"新建标准"：可以创建图层标准。

"图层关键字"：系统内部默认图层信息，不可修改，用于提示图层所对应的内容。

"图层名""颜色"：按照各设计单位的图层名称、颜色要求进行定制修改。

"备注"：用于描述图层内容。

"图层转换"：可转换已绘图纸的图层标准。

"颜色恢复"：可恢复系统原始设定的图层颜色。

三、天正电气图层控制

命令位置：选择"菜单"→"设置"→"图层控制"，如图 5.5（a）所示。

功能：进行天正图层快捷操作，提高绘图效率。

执行本命令后，屏幕上弹出如图 5.5（b）图所示的"图层控制"菜单，通过这个菜单用户可以自由地对图层进行控制。下面我们对菜单中命令的具体使用方法进行介绍。

（a）设置菜单　　　　　　（b）图层控制菜单

图 5.5　图层控制

"设建筑标识"命令：执行后为选定的图层做建筑标记，以便使用天正建筑层命令来与天正建筑层一起隐藏或开启。

"天正建筑层"命令：执行本命令控制所有天正建筑所在的图层（如 WALL、WINDOW 等层）隐藏或开启。

"天正电气层"命令：执行本命令控制所有天正软件电气系统所在的图层（如 EQUIP – 动力）隐藏或开启。

"取消建筑标识"命令：执行后为选定的已作为建筑标记的图元取消标识。

"建筑图元"命令：执行本命令控制通过"设建筑标识"选定的所有建筑图元隐藏或开启。

"电气照明层"命令：执行本命令控制所有天正电气系统照明设备及其附属的导线所在的图层隐藏或开启。

"电气动力层"命令：执行本命令控制所有天正电气系统动力设备及其附属的导线所在的图层隐藏或开启。

"电气消防层"命令：执行本命令控制所有天正软件电气系统消防设备及其附属的导线等所在的图层隐藏或开启。

"电气通讯层"命令：执行本命令控制所有天正电气系统通信设备及其附属的导线等所在的图层隐藏或开启。

"定义图层"命令：主要用于建筑图中图层结构比较"规整"，大部分图元是天正预定义的图层，这样只需要将一小部分外加图层分别定义到"天正建筑层"与"天正电气层"即可实现统一开关图层的目的。

视频 5.1 图层控制
菜单使用示例

四、图层控制应用实例

（一）关闭电气照明层

通过点击"图层管理"控制菜单中"电气照明层"实现的功能，如图 5.6 所示。点击之前平面图中灯具正常显示[见图 5.6（a）]，点击图层控制菜单中"电气照明层"则关闭图中电气照明层，因为本示例中灯具设备属于电气照明层，所示点击后灯具关闭不再显示，如图 5.6（b）所示。

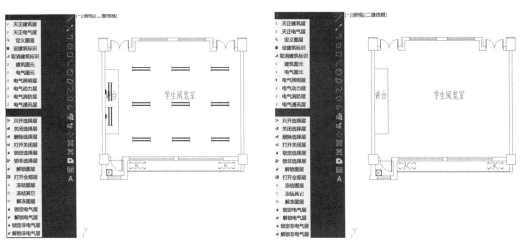

（a）显示电气照明层　　　　　　　（b）关闭电气照明层

图 5.6 关闭电气照明层示例

注：图层的关闭还是开启可以由菜单中命令旁边"灯泡"的开启还是关闭看出，如果灯泡开启点击菜单中的本命令则此图层关闭，反之则开启，本例仅以电气照明层说明，其余图层同理。

（二）只开选择层

命令位置："图层控制"→"只开选择层"（默认快捷键"66"）。

执行后命令行提示：

请选择打开层上的图元<退出>:

按照需要点取所保留打开的图层上任意一个实体，右键确认后即可保留该层。

根据命令行提示选择一个图元，确定后除了本图元所在图层被打开，其他所有图层都被隐藏。示例中点击平面图中灯具图元，故点击后可见图中只显示灯具，其余图层均被隐藏，如图 5.7 所示。

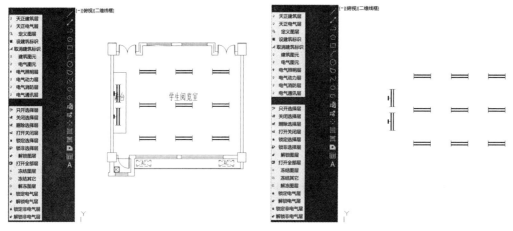

（a）只开选择层点击前 （b）只开选择层点击后

图 5.7 只开选择层操作过程

（三）关闭选择层

命令位置："图层控制"→"只关选层"（默认快捷键"11"）。

执行后命令行提示：

请选择关闭层上的图元或外部参照上的图元<退出>:

只需点取所要关闭图层上的任意一个对象实体，即可关闭该层。

根据命令行提示选择一个图元，与"只开选择层"命令正好相反，确定后本图元所在图层被隐藏。

注意："关闭选择层"命令不只对本图起作用，还可用于外部参照中某个图层的关闭。

（四）删除选择层

命令位置："图层控制"→"删除选择层"。

功能：删除已选择图层上的图元。

执行后命令行提示：

请选择删除层上的图元<退出>:

根据命令行提示选择一个图元，与"关闭选择层"命令不同的是确定后本图元所在图层被删除。

（五）打开关闭层

命令位置："图层控制"→"打开关闭图层"（默认快捷键为"22"）。

功能：打开已经关闭的图层。

执行命令后，系统会弹出一个对话框，里面显示内容是所有被关闭的图层，如图 5.8 所示。

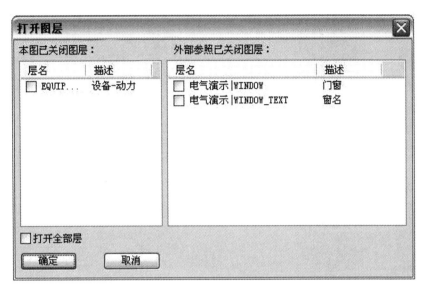

图 5.8　"打开图层"对话框

可以根据需要选择要打开的图层，也可以通过"打开全部层"的选项，将所有关闭图层一起打开。"打开图层"命令不只对本图起作用，还可用于外部参照中某个图层的打开。

图层控制菜单中其余命令操作方法大同小异，此处不一一叙述，熟练使用天正电气图层控制可在图面复杂的情况下提升绘图效率，也为图纸修改、自查带来便利。

第三节　天正电气命令

一、屏幕菜单

天正的所有功能调用都可以在天正的屏幕菜单上找到，该菜单以树状结构调用多级子菜单。菜单分支以 ▶ 示意，当前菜单的标题以 ▼ 示意。所有的分支子菜单都可以左键点取进入变为当前菜单，也可以右键点取弹出菜单，从而维持当前菜单不变，如图 5.9 所示。大部分菜单项都有图标，以方便用户更快地确定菜单项的位置。

当光标移到菜单项上时，AutoCAD 的状态行就会出现该菜单项功能的简短提示。

如果菜单被关闭，可使用热键"Ctrl + F12"或"Ctrl + ' + '"重新打开。右键点击菜单命令，选择"实时助手"会自动弹出本命令的帮助文档。

（a）左键点击展开菜单   （b）右键点击弹出菜单

图 5.9   天正电气屏幕菜单

（一）平面设备菜单

在平面图中布置设备是建筑电气设计中的一个重要步骤。用天正电气软件在平面图布置电气设备就是将一些事先制作好的设备图块插入到建筑平面图中，在新版的天正电气软件中更加增强了自动化的功能，使用户能够在执行命令时从预演图中看到效果图从而最终确定结果。另外，天正电气有一套存取方便、很容易操作的图库管理系统。

系统提供和用户自己制作的每一个图块都可以方便地通过对话框中的幻灯片查到并取出来放入绘制图中。图块插入前可通过调整"初始设置"的"平面设备尺寸"值来控制插入图块的尺寸，设备插入有多种方法，设备插入后还可以用"设备缩放""设备旋转""设备移动"等设备编辑命令来调整和改变设备达到要求。"沿墙插入"的命令可自动确定设备靠墙绘制时的绘制方向；辅助网格线帮助用户有规则地排列布置设备。利用天正电气系统提供的造块命令还可以方便地制作自己所需要的各种设备图块。

在天正电气软件中，强电和弱电设备被置于一个库中，由"设备图块选择"对话框中的下拉菜单进行选择，减少了用户点击鼠标的次数，增加了访问速度，同时方便查找。只要在设计图中单击鼠标右键，在弹出的右键菜单中选择"任意布置"命令，就可弹出设备库；另一个的选择设备库的方法是在菜单中选择"平面设备"中的任一命令，也可弹出设备库[见图5.10（a）]。在选设备的对话框中，利用选择框可选定待绘制的设备块。

当设备块插入图中后，其大小、方向也许不合要求，此外，用户也可能需要随设计的改动更换或擦除一些已插入的设备块。因此软件提供了丰富灵活的设备编辑功能，通过这些设备块编辑命令可帮助用户完成这方面的工作。

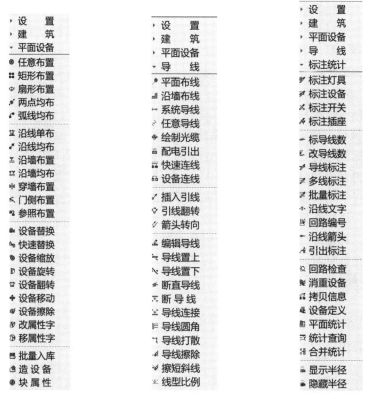

（a）平面设备子菜单　　　（b）导线子菜单　　　（c）标注统计子菜单

图 5.10　部分分支子菜单示例

（二）导线菜单

导线在平面绘图中占了很重要的一部分。导线绘制主要包括编辑导线和布导线两个部分，编辑导线主要是选择所画导线的宽度、颜色、图层、回路编号和标注，而平面布导线有"平面布线""系统导线""任意导线"和"配电引出"等命令[见图 5.10（b）]。

在天正电气软件的绘制导线中加入导线信息，用户在绘制导线的同时可以同时对导线进行赋值，这样就为后面的系统生成、导线统计等命令提供了数据，增强了绘图的智能性。

编辑导线主要是对已经布好的导线进行修改。"导线置上""导线置下"等命令主要用于与其他导线或设备相交处断开，其他几个命令主要是对导线本身进行处理。

天正电气系统将导线图层默认分为强电 6 个图层、弱电 13 个图层、消防 14 个图层；系统默认名称为 WIRE-照明、WIRE-应急、WIRE-动力、WIRE-插座、WIRE-电视、WIRE-网络等，用户可根据自己的需要通过勾选这些图层选项前的选择框，来决定是否选择和定制这些图层。用户根据需要自己选择定义图层，图层名称可以根据需要自己修改，其他参数的修改与系统默认导线层的设置相同。

（三）标注统计菜单

一般意义的平面图标注就是为图中的导线、设备标上型号、规格、数量等。但天正软件电气系统的标注命令[见图 5.10（c）]除了在图中写入标注文字外，还将一些标注信息附加在被标注的图元上，以便生成材料表时搜取使用。

天正电气系统在对平面图中的导线和设备进行标注时，共完成两方面的工作：一方面在图中写入标注内容，另一方面将标注的有关信息附到被标注的导线或设备图块上。这样在制造材料统计表时，天正电气系统能够自动搜索附加在导线和设备上的信息，从而统计出其型号和数量。另外，附加在导线和设备图块上的信息还可以在下一次被重新标注时，或对其他导线和设备进行标注时被利用。

如果想在造统计表时利用天正电气系统的自动搜索功能得到比较准确和尽可能多的信息，就要在进行标注时遵守规则，尽量标注准确、完全；反之如果不需要天正电气系统制造材料表，或对材料表中的数据准确程度不太在乎，标注时就可以随便一些。

插入到平面图中的设备图块虽然可能来自不同的图块库，但在插入后图块本身并未带有任何标记，一个图块放在灯具库还是放在开关库完全是根据不同需要来划分，只是为了图块插入时选择方便。真正为设备图块打上标记是在对这个图块进行标注之后。只有对进行标注之后的设备块，在造材料统计表时才能分辨其类型，否则不管是什么设备，都归在"未注设备"一类里。"导线标注"和 "标导线数"的标注内容并不可以在"造统计表"时被利用，不被列入表中。

二、快捷菜单

快捷菜单又称右键菜单，在 AutoCAD 绘图区，通过单击鼠标右键（简称右击）弹出，即将鼠标置于 CAD 对象或天正实体上使之亮显后，右击弹出此对象相关的菜单内容，或鼠标单选对象或实体后，右击弹出相关菜单，如图 5.11 所示。

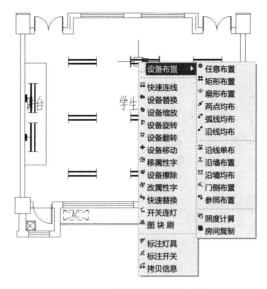

图 5.11　右键快捷菜单示例

三、命令行

（一）键盘命令

天正软件大部分功能都可以用命令行输入实现，屏幕菜单、右键快捷菜单和键盘命令三种形式调用命令的效果是相同的。对于命令行命令，系统以简化命令的方式提供，例如"任意布置"命令对应的键盘简化命令是 RYBZ，采用每个字汉字拼音的第一个字母组成。少数功能只能用菜单点取，不能从命令行键入，如状态开关等。

（二）命令交互

天正软件对命令行提示风格做出了比较一致的规范，以下列命令提示为例：

请给出欲布置的设备数量　{旋转 90 度[R]}<1>

花括号前面为当前的操作提示，花括号后为回车所采用的动作，花括号内为可选的其他动作，键入方括号内的字母进入该功能，同时无须回车。这和 AutoCAD 中文版的命令行风格类似，只是 AutoCAD 不支持单键转入其他动作。下面是 AutoCAD 中文版命令行风格示意：

当前动作或[动作 1(A)/动作 2(B)]<默认值>：

选择对象：要求单选对象时，遵循前述命令行交互风格，如：请选择起始点<退出>。

四、快捷工具条

用户可根据自己绘图习惯采用"快捷工具条"执行天正命令。天正工具条具有位置记忆功能，并融入 ACAD 工具条组。也可在"选项"→"天正设置"中关闭工具条。

使用"工具条"命令，可以使用户定制自己的图标菜单命令工具条（前 5 个不可调整），即用户可以将自己经常使用的一些命令组合起来做成工具条并放置于界面上的习惯位置（见图 5.12）。天正提供的自制工具条菜单可以放置天正电气系统的所有命令。

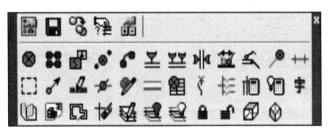

图 5.12　部分快捷工具条

下面介绍一下定制快捷工具条的具体步骤：

（1）执行"工具条"命令后，弹出如图 5.13 所示的对话框，默认为"平面设备"菜单组及其下属的所有命令。

（2）在菜单组的下拉列表中，选择将要加入快捷工具条的命令所属的上一级菜单。如"只关选层"所属的菜单组为"图层"，如图 5.14 所示。

图 5.13　定制天正工具条对话框　　　　　　图 5.14　选择菜单组

（3）选定"图层"菜单组后，对话框左侧命令列表中列出所有图层操作命令，选择"只关选层"，单击"加入>>"按钮，再单击"确定"后即可将此命令加入快捷工具条，并在对话框左侧命令列表中显示，如图 5.15 所示。

图 5.15　定制天正工具条

（4）如果要从快捷工具条中删除某个命令，则选定命令后，单击　"<<删除"按钮即可。

（5）如果要调整"只关选层"命令在快捷工具条中的布置顺序，则选定"只关选层"后，通过点击对话框右侧的"向上""向下"两个按钮，或鼠标左键按住需要调整的命令，直接拖动位置进行调整。

（6）在"快捷命令"后的编辑框中直接输入字母、数字等就可以直接定义相应命令的快捷键，如图 5.15 所示。

第四节 供配电工程图识图

一、电气施工图的特点

（1）建筑电气工程图大多是采用统一的图形符号并加注文字符号绘制而成的。

（2）电气线路都必须构成闭合回路。

（3）线路中的各种设备、元件都是通过导线连接成为一个整体的。

（4）在进行建筑电气工程图识读时应阅读相应的土建工程图及其他安装工程图，以了解相互间的配合关系。

（5）建筑电气工程图对于设备的安装方法、质量要求以及使用维修方面的技术要求等往往不能完全反映出来，所以在阅读图纸时遇到有关安装方法、技术要求等问题，要参考相关图集和规范。

二、电气施工图的组成

（1）图纸目录与设计说明。包括图纸内容、数量、工程概况、设计依据以及图中未能表达清楚的各有关事项，如供电电源的来源、供电方式、电压等级、线路敷设方式、防雷接地、设备安装高度及安装方式、工程主要技术数据、施工注意事项等。

（2）主要材料设备表。包括工程中所使用的各种设备和材料的名称、型号、规格、数量等，它是编制购置设备、材料计划的重要依据之一。

（3）系统图。如变配电工程的供配电系统图、照明工程的照明系统图、电缆电视系统图等。系统图反映了系统的基本组成、主要电气设备、元件之间的连接情况以及它们的规格、型号、参数等，表达形式如图 5.16 所示。

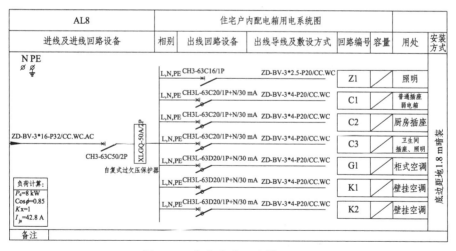

图 5.16 住宅户内配电箱系统图

（4）平面布置图。平面布置图是电气施工图中重要图纸之一，如变配电所电气设备安装平面图（见图 5.17）、照明平面图、防雷接地平面图等，用来表示电气设备的编号、名称、型号及安装位置、线路的起始点、敷设部位、敷设方式及所用导线型号、规格、根数、管径大小等。通过阅读系统图，了解系统基本组成之后，就可以依据平面图编制工程预算和施工方案，然后组织施工。

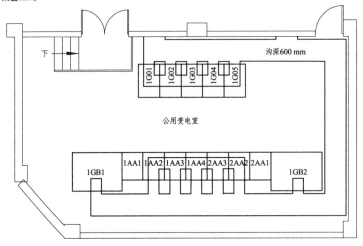

图 5.17　变配电室平面布置图

（5）控制原理图：包括系统中各所用电气设备的电气控制原理，用以指导电气设备的安装和控制系统的调试运行工作。

（6）安装接线图：包括电气设备的布置与接线，应与控制原理图对照阅读，进行系统的配线和调校。

（7）安装大样图(详图)：安装大样图是详细表示电气设备安装方法的图纸，对安装部件的各部位注有具体图形做法或详细尺寸,是进行安装施工和编制工程材料计划时的重要参考，如图 5.18 所示。

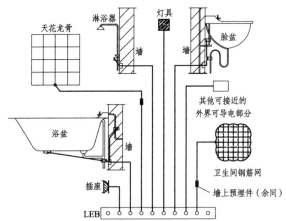

图 5.18　卫生间局部等电位安装大样图

三、供配电施工图实例解析

（一）办公室照明平面图

图 5.19 所示为办公室照明平面图，在读图时按照以下方法进行：

（1）认识图例：根据图例表（见图 5.20）查找到设备的名称及参数，从图 5.19 中可以获取以下信息：每间办公室安装 3 盏嵌入式格栅灯，每间办公室门口安装有一个三联开关，两间办公室安装一个照明配电箱。设备名称应采用国家电气行业通用术语表示。

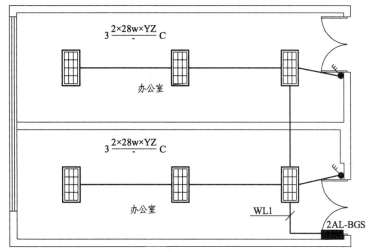

图 5.19　办公室照明平面图

3		三联开关	220 V 10 A	个	2	
2		嵌入式格栅灯	220 V 28 W	盏	6	
1		照明配电箱	PZ30	台	1	暗装
序号	图例	名称	规格	单位	数量	备注

图 5.20　照明图例表

（2）识别设备型号(规格)：照明图例表中标明了设备的主要参数，例如灯具的功耗，开关的大小规格等，图 5.19 中格栅灯规格为"220 V 28 W"。

（3）识别备注(设备主要用途及特殊要求)：标明该设备用在何处以及作何用途，有些设备还必须增补文字来更加明确地指向其特殊要求，例如照明配电箱备注中注明暗装是对该配电箱暗装方式的要求。

（4）识别各用电器的种类、功率及布置，如图中灯具标注的一般内容有灯具数量、灯具类型、每个灯泡的功率及灯泡的安装高度等。

（5）识别导线的根数和走向，结合供配电知识，照明供电应由照明配电箱引出线路至灯具，各条线路导线的根数和走向，是照明平面图主要表现的内容。比较好的阅读方法是先了解控制接线方式，然后再按配线回路情况读图。

实例解析：图 5.19 所示的办公室照明平面图中，两间办公室设置有一个照明配电箱，配电箱编号为 2AL-BGS。每间办公室安装 3 盏格栅灯，每间办公室门口安装有一个三联开关，办公室灯具配电回路由 2AL-BGS 配电箱引出，照明回路编号为 WL1。根据灯具标注信息可知灯具为嵌入式安装。此处仅以照明平面图举例。

（二）配电箱系统图

配电箱系统图是示意性地把整个工程的供电线路用单线连接形式（准确、概括表达的电路图），它不表示相互的空间位置关系。

图 5.21 所示为 2AL-BGS 配电箱系统图。由图可知，照明配电箱系统图包含的主要内容有：

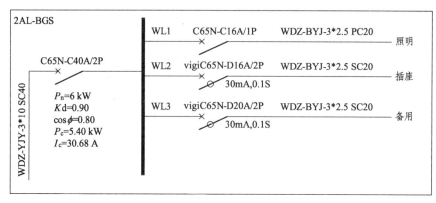

图 5.21　办公室照明配电箱系统图

（1）电源进户线、照明配电箱和供电回路，表示其相互连接形式。

（2）配电箱型号或编号，总照明配电箱及分照明配电箱所选用计量装置、开关和熔断器等器件的型号、规格。

（3）各供电回路的编号、导线型号、根数、截面和线管直径，以及敷设导线长度等。

（4）照明器具等用电设备或供电回路的型号、名称、计算容量和计算电流等。

2AL-BGS 配电箱中，从左至右依次为电源进线"WDZ-YJY-3×10 SC40"，配电箱进线总开关"C65N-C40A/2P"，配电回路开关及配电回路"WL1""WL2""WL3"。

一般在系统图中还会标注配电箱名称、配电箱计算容量等辅助说明的内容。在读图时需要了解各类电缆电线及各类开关型号规格的表达方式。线路的标注格式：a b-c(d×e+f×g)i-j h，其中，a 为线缆编号，b 为型号（不需要可以省略），c 为线缆根数，d 为电缆线芯数，e 为线芯截面，f 为 PE（保护线）、N 为（中性线）线芯数，g 为线芯截面(mm²)，h 为线缆敷设安装高度，i 为线缆辐射方式，j 为线缆辐射部位。

上述字母如无对应内容则可省略。如 BV-2×2.5,MT16,WC(CC)表示线路是铜芯塑料绝缘导线，2 根 2.5 mm² 线，穿管径为 16 mm 的电线管暗敷设在墙内（暗敷设在屋面或顶板内）。

例图建筑属于公共建筑，其低压配电系统的确定应满足计量、维护管理、供电安全及可靠性的要求。注：除照明回路外在图 5.21 中还可以看到其他设备的配电回路。此处配电箱系统图是 2AL-BGS 配电箱完整回路，平面图并未列举完整。

实例解析：通过图 5.19 照明平面图可以获取平面图中设备数量、安装位置等信息，结合图 5.21 可以获取配电箱内部开关型号，导线规格型号及敷设方式等信息。图 5.19 中灯具照明配电回路编号为 WL1，由图 5.21 可知 WL1 回路为 WDZ-BYJ-3*2.5 PC20（铜芯无卤低烟交联聚乙烯绝缘阻燃电线，规格 3*2.5，穿管规格为 20 焊接钢管），WL1 回路保护开关型号为 C65N-C16A/1P，结合平面图和对应的配电箱系统图我们可以相对准确统计该区域内施工所需材料及数量。

（三）低压单线系统图

变（配）电所主要由变压器、高压开关柜（断路器）、低压开关柜（隔离开关、空气开关、电流互感器、计量仪表）、母线等组成。变（配）电所的主结线（一次接线）是指由各种开关电器、电力变压器、互感器、母线、电力电缆、并联电容器等电气设备按一定次序连接的接受和分配电能的电路。它是电气设备选择及确定配电装置安装方式的依据，也是运行人员进行各种倒闸操作和事故处理的重要依据。用图形符号表示主要电气设备在电路中连接的相互关系，称为电气主接线图。电气主接线图通常以单线图形式表示。

单线图严格按照开关柜（设备）排列进行绘制，并且标明主要设备重要参数。从图 5.22 中可以看出，系统图上半部分为设备图例符号表达，下半部分则为具体的设备元件参数表格，两者结合即可表达配电柜数量、内部主接线方案、元器件规格型号、母线连接方式及母线规格等重要信息。

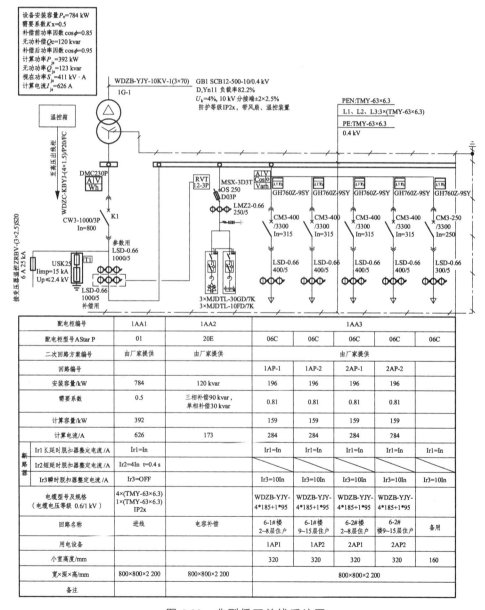

图 5.22 典型低压单线系统图

第五节 天正电气制图

一、天正电气制图常用命令

（一）平面图制图命令

1. 任意布置

界面菜单位置："平面设备"→"任意布置" ⊗ 。

功能：在平面图中插入各种电气设备图块。

右键菜单位置：选中一个或多个设备，单击鼠标右键弹出如图 5.23 所示对话框，移动鼠标到"设备布置"又弹出延伸对话框，再将鼠标移到"任意布置"点击左键即可。

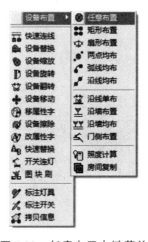

图 5.23 任意布置右键菜单

在菜单中选取该命令后，命令行提示：

请指定设备的插入点 {转 90(A)/放大(E)/缩小(D)/左右翻转(F)/X 轴偏移(X)/Y 轴偏移(Y)/设备类别(上一个 W/下一个 S)/设备翻页(前页 P/后页 N)/直插(Z)}<退出>：

同时屏幕上出现如图 5.24 所示的"设备图块选择"对话框，当鼠标移到图块幻灯片时会在对话框下方的提示栏中显示该图块设备的名称，单击对话框中所需要的图块就可选定图块。

图 5.24 "设备图块选择"对话框

左侧对话框的顶部是"设备图块选择"对话框操作方式的按钮，当鼠标移至图标上方时会显示该按钮功能的提示，当前操作方式的按钮处于按下的状态。下面对每个按钮的用法加以说明：

"向上翻页" 👆：当"设备图块选择"对话框中的显示的设备块超过显示范围时可以通过单击此按钮进行向上的翻页。

"向下翻页" 👇：当"设备图块选择"对话框中的显示的设备块超过显示范围时可以通过单击此按钮进行向下的翻页。

"旋转" ↻：当此按钮处于按下状态时，用户使用命令"任意布置"在图中绘制图块后，命令行提示：

旋转角度<0.0>：

图块将以绘制点为中心进行旋转预演，当达到用户需要的角度，单击鼠标左键即可以该角度绘制设备，如果单击鼠标右键则图块水平绘制。该按钮只适用于"任意布置"，对于"矩形布置""两点均布""弧线均布"和"沿线均布"几个命令均不起作用，图块仍以水平绘制。

"布局"：当单击此按钮时会弹出选项菜单，使用户能够按照自己的需要进行图块显示的行列布置。

"交换位置" ：用于调整设备块在图库对话框中的显示位置。使用方法如下：

假如用户要将常用的某设备 A 放在方便选择的位置上，而此位置上目前是设备 B，那么可以先选中设备 B 的位置，单击"交换位置"按钮，在弹出的设备图库列表中选择设备 A，这样即可实现设备块 A 和 B 的显示位置交换。

"加入常用"：可以将常用的设备添加到常用项，同时其也是从常用项中移除图例的命令。

"设备选择"下拉菜单：用户可以通过对话框右侧的"设备选择"下拉菜单选择需要在图中插入的设备。在下拉菜单中用横线分成了强电、弱电、设备组合、其他及常用五类，其中强电包括了灯具、开关、插座、动力和箱柜等，弱电包括消防、广播、电话、通信、安防、电视和楼控等，当用户通过下拉菜单选中其中一项时，在"设备图块选择"对话框中将显示相应的设备，同时在该对话框中将显示该类设备系统图库和用户图库的所有图块，软件默认将用户库中的设备块放在"设备图块选择"对话框中的前面，而系统库中的设备块接在用户库中最后一个图块后面显示，当鼠标移到图块幻灯片时在提示栏中设备名称后面的括号中会提示该图块的位置在系统库还是用户库中。

2. 矩形布置

界面菜单位置："平面设备"→"矩形布置"。

功能：在平面图中由用户拉出一个矩形框并在此框中绘制各种电气设备图块。

右键菜单位置：选中一个或多个设备，单击鼠标右键弹出对话框，移动鼠标到"设备布置"又弹出延伸对话框，再将鼠标移到"矩形布置"点击左键即可。

在菜单中或右键选取本命令后，不仅弹出设备选择对话框，而且同时弹出如图 5.25 所示的"矩形布置"对话框。

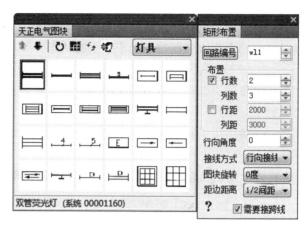

图 5.25　矩形布置对话框

本命令中选定要绘制设备类型的方法与"任意布置"命令完全相同。选定设备块后（假设要绘制的是灯具块），命令行提示：

请输入起始点{选取行向线(G)/设备类别(上一个 W/下一个 S)/设备翻页(前页 P/后页 N)}<退出>:

用户可以在屏幕上点取矩形框起始角点，这时矩形框行向角度为水平方向，接着命令行提示：

请输入终点:

在屏幕上点取矩形框的终止点，接着命令行提示：

请选取接跨线的列<不接>:

选取跨线的连接位置，则命令结束，同时关闭矩形布置对话框，设备像预演所示那样插入图中。

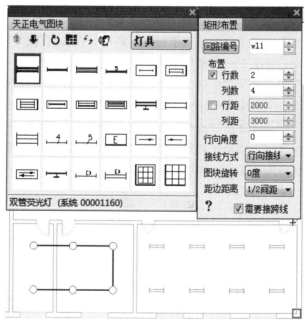

图 5.26　矩形布置房间荧光灯示例

　　用户可以通过拉伸矩形框的另一个角点来预演矩形框的大小和所布置的设备的排列点具体位置及形状，如图 5.26 所示。预演时同样可以通过"矩形布置"对话框调整设备的个数、行向角度和接线方式。拉到满意的位置后点击鼠标左键就会在屏幕上按照所预演的形式布置设备，并按所选择的接线方式在设备间连接并打断导线，最后再连接垂直于接线方式方向上的导线。

　　"矩形布置"对话框的各功能详细介绍如下：

　　"回路编号"编辑框：可以输入设备和导线所在回路的编号，该编号为以后系统生成提供查询数据。当点击"回路编号"按钮时会弹出如图 5.27 所示的"回路编号"对话框，在该对话框中的列表中用户可以选择回路的编号，同时用户可以在对话框下边的编辑框中直接输入需要的回路编号，通过"增加 +""删除 –"按钮在列表中添加回路的数据以便下次选择，最后单击"确定"按钮就可以把回路编号输入到"回路编号"编辑框中。

图 5.27　回路编号对话框

　　"布置"栏中的"行数"和"列数"编辑框：用于确定用户拉出的矩形框中要布置的设备图块的行数和列数的数量，可以直接在该编辑框中输入"设备数量"。

　　"行距"和"列距"编辑框：用来用户设置行方向与列方向上设备间的间距，直接输入参数即可。布置数量根据选择的起点与终点间距离与设置的距离确定。

　　勾选控件：选择后按其中一种方式布置，也可同时勾选，布置时参照两个条件布置设备。

　　"行向角度"编辑框：用于输入或选择绘制矩形布置设备的整个矩形的旋转角度，用户可以从布置设备时的预演中随时调整其旋转角度。

　　在使用本命令的过程中，如果用户并不清楚角度具体数值，可采用"选取行向线"的方式，来确定布置角度。具体操作如下：

　　首先需要做一条符合的角度参照线。执行"矩形布置"命令，命令行提示：

　　请输入起始点{选取行向线(G)/设备类别(上一个 W/下一个 S)/设备翻页(前页 P/后页 N)}<退出>：

　　此时输入字母"G"，命令行提示：

从当前图中选取行向线<不选取>::

用户可以在屏幕上点取选择事先做好的矩形框起始角点符合的角度参照线，接下来的操作不再详述。

"接线方式"下拉列表框：用于选择设备之间的连接导线的方式。当设备绘制到图中后设备之间会用当前导线层以行向或列向的方向连接导线，简化了用户在绘制设备后再连接导线的工作。

"图块旋转"编辑框：用于输入或选择待布置设备的旋转角度。

"距边距离"编辑框：用于输入或选择矩形布置设备的最外侧设备与布置设备时框选的矩形选框的距离，该距离以矩形布置同方向上设备间的间距为参考变量。实际布置效果如图 5.28 所示。

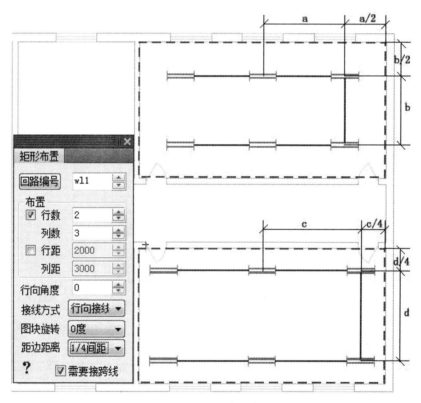

图 5.28　距边距离

"需要接跨线"选择框：与接线方式相配合，如果选择的是"行向接线"，则矩形布置结束后会纵向连接一条导线；相反地，如果选择列向接线，则矩形布置结束后会行向连接一条导线。

3. 设备替换

界面菜单位置："平面设备"→"设备替换" 🖼️。

功能：用选定的设备块来替换已插入图中的设备图块。

右键菜单位置：选中一个或多个设备，单击鼠标右键弹出如图 5.29

视频 5.2　设备替换
命令示例

所示对话框，将鼠标移动到"设备替换"上，单击鼠标左键同样可以运行本命令。

运行本命令后，选定要用来替换已插入图中设备块的设备图块的方法与"任意布置"命令的相同。选定设备块后，命令行提示：

请选取图中要被替换的设备(多选)<直接替换同名设备请按回车>：

此时可用 AutoCAD 提供的各种选定图元的方式来选择要被替换的设备。由于程序中已设定了选择时的图元类型和图层的过滤条件，因此可不必担心开窗选择会选中其他图层和类型的图元(例如导线、墙线等)。选定后，选中的设备被替换成从对话框中选取的设备。

如果想替换图中所有同名设备则单击鼠标右键，命令行接着提示：

请选取图中要被替换的设备（单选）<退出>：

根据命令行提示在图中选择要替换设备的样板，这时只需要单击所有同名设备中的一个就会发现其他的同名设备都会被新设备所替换。

图 5.29　设备替换右键菜单

设备块被替换后，所有与此设备块相连的导线仍然能与新换的块相连（图 5.30 所示为将双管荧光灯换为三管荧光灯）。

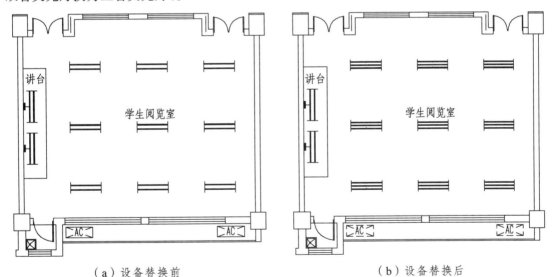

（a）设备替换前　　　　　　　　　　　　（b）设备替换后

图 5.30　设备替换例图

4. 造设备

菜单位置："平面设备"→"造设备" 。

功能：用户根据需要制作图块或对图块进行改造，并加入设备库中。亦可把多个自由设备进行组合，将所造的组合设备插入图纸后，各个设备可作为单独的块进行编辑。

平面设备布置实际上就是在平面图中插入各种预先制作好的图块。天正软件电气系统准备了作图所需的大部分图块。但出于各种需要难免会需要插一些天正电气系统提供的图库中没有的设备图块，此时就需要利用本节所介绍的各种命令制作新的图块，或对已有图块进行改造重制 。

在菜单上选取本命令后，命令行提示：

请选择要做成图块的图元<退出>：

在图中拾取要改造的图块后，命令行提示：

请点选插入点<中心点>：

当选择的图块后，程序判断出选择了大于 1 个以上的天正图块，将进行造设备组合。

选择完毕后右键确定，设备组合直接进入到设备组合库中。此时命令行提示：

提示：由于选择了多个设备块，自动生成设备组合，请在"设备库"→"设备组合"中查找。

当用户想要调用此图块，只需要在插入图块时从"设备图块选择"对话框中选择"设备组合"类型，就会看见刚才所造设备被放在系统库设备的前面，如图 5.31 所示。

图 5.31　设备组合

若选择的图元不是天正图块，则在点选图块的插入点步骤时，从中心点引出一条橡皮线，把鼠标移动到准备做插入点的位置，单击鼠标左键即可；取消时默认插入点为其中心点。命令行接着提示：

请点取要作为接线点的点（图块外轮廓为圆的可不加接线点）<继续>：

这时可在需要的位置点取，插入一些接线点；如果所选图块的外形为圆则可不必添加接线点，因为在天正软件中用圆形设备连导线时，导线的延长线是过圆心的。

编辑完毕后会弹出如图 5.32 所示的"入库定位"对话框，此时弹出的图库为强电设备图库，在树状结构中选取所要入库的设备类型，并在"图块名称"编辑框中输入设备的名称，也可在"备注"编辑框中输入备注信息。单击"新图块入库"按钮即可以存入所需要的图块。当用户想要调用此图块，只需要在插入图块时从"设备图块选择"对话框中选择设备类型，就会看见刚才所造设备被放在系统库设备的前面。如果单击"旧图块重制"按钮则会弹出如图 5.33 所示"天正图库管理系统"对话框，在图库的系统库或用户库中双击要被替换的设备块，则原先的图块被新的图块所替换，图块的位置不变，如果不输入新的名称则名称也不变。

注意：建议在新图中进行入库操作，以加快速度。造设备时的图元最好是单线图元，避免出现块嵌套的情况。

图 5.32　入库定位对话框

入库前图块的外边框可以使用 PL 线绘制，入库后进行布置时，可根据"初始设置"→"电气设定"中的图块线宽参数修改线宽。

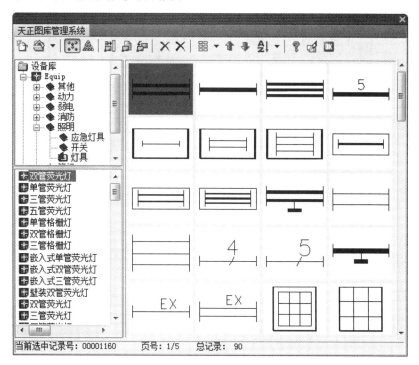

图 5.33　天正图库管理系统对话框

5. 平面布线

菜单位置："导线"→"平面布线" 。

功能：在平面图中绘制直导线连接各设备元件，同时在布线时带有轴锁功能。

在菜单上或右键选取本命令后，弹出如图 5.34 所示的"设置当前导线信息"对话框，该对话框的使用方法如下：

图 5.34　设置当前导线信息对话框

"导线层选择"下拉菜单：用户可以通过对话框左上角的"导线层选择"下拉菜单选择所绘制导线的图层。在下拉菜单中包括了 WIRE-照明、WIRE-应急、WIRE-动力、WIRE-消防、WIRE-通信等导线层，用户可以在绘制导线的过程中随意选择和变更。

"颜色"编辑框：显示当前导线图层的颜色。

"回路编号"按钮：该按钮功能及相关设置和"矩形布置"命令中相关介绍相同，在此不再赘述。

"导线设置"按钮：点击按钮后出现如图 5.35 所示对话框，可以根据自身绘图习惯或企业制图标准自命名各种图层、修改导线线宽、设置不同线型，以便更好区分不同系统。

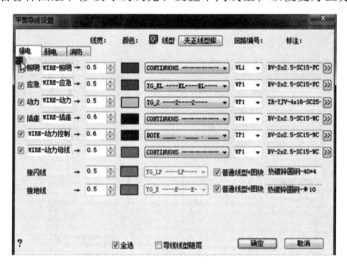

图 5.35　导线设置对话框

"导线置上/下""不断导线"下拉菜单（输入"D"键，可进行快速切换）：控制两相交导线的打断方式。

"智能直连""自由连接""垂直连接"下拉菜单（输入"F"键，可进行快速切换）：控制两设备间导线连接方式。

"智能直连"：连接两设备最近的接线点。

"自由连接"：根据导线绘制路径，遇到设备时自动打断。

"垂直连接"：根据设备接线点及点选第二个设备位置，自动用两条垂直坐标 X、Y 轴导线连接。

若用户在初始设置中勾选了"布置导线时输入导线信息"，则对话框中增加导线信息设置控件，可在绘制的同时修改导线信息，如图 5.36 所示。

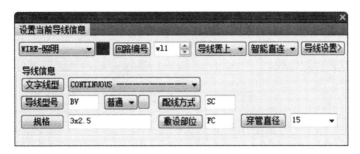

图 5.36　"设置当前导线信息"对话框

　　"文字线型"右侧的下拉菜单用于选择当前导线图层需要的线型；如果没有需要的文字线型，可以点击"文字线型"按钮实现带字线型的自定义功能。点击按钮后弹出如图 5.37 所示对话框。

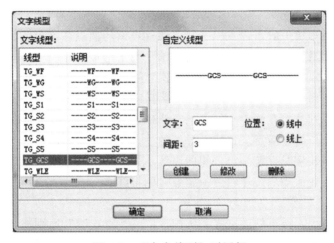

图 5.37　"文字线型"对话框

　　用户可根据需要创建新的文字线型，可以设置两个文字之间的间距以及在导线上的位置。
　　在选定了导线的一切数据后，屏幕命令行提示：
　　请点取导线的起始点 <退出>：
　　点取起始点后，会从起始点引出一条橡皮线，该橡皮线所演示的就是最后布线时导线的具体长度形状及位置。此时命令行会反复提示：
　　直段下一点{弧段[A]/选取行向线(G)/导线(置上/置下/不断)(D)/连接方式(智能/自由/垂直)(F)/回退[U]}<结束>：
　　在旋转橡皮线时是按一定度数围绕起始点转动角度的，可以选择平行于某参考线（行向线），这样做的目的是使施工图美观。同时命令行会反复提示：
　　直段下一点{弧段[A]/选取行向线(G)/导线(置上/置下/不断)(D)/连接方式(智能/自由/垂直)(F)/回退[U]}<结束>：
　　至<回车>结束（或单击鼠标左键，在弹出的对话框中选择[确定]即可）。可以键入"G"关闭或打开选择行向线功能。
　　在操作过程中如果发现最后画的一段或几段导线有错误，可以键入"U"回退到发生错误的前一步，键入"D"键切换导线置上、置下或不断导线，键入"F"键切换连线方式，然后继续绘图工作。如果在绘制过程需要从绘直线方式改变到绘弧线的方式，可以键入"A"，命令行提示：

弧段下一点{直段[A]/导线(置上,置下,不断)(D)/连接方式(智能/自由/垂直)(F)/回退[U]}<结束>：

点取下一点后，接着提示：

点取弧上一点：此时可以根据预演的弧线确定弧线上的一点；反之，如果需要从绘弧线方式改变到绘直线方式，则可键入"L"。

导线与设备相交时会自动打断,并且画导线时是每取一点后就会在两点之间连上粗导线，再提示用户输入下一点。

画导线过程中，如果需要连接设备，一般有两种情况：

（1）点取起始设备，再点取最后一个设备，那么对在这两个设备所在的直线或附近的设备会自动进行连接。

（2）在每个设备图块一般只需点取一次，而且可以随便点在这个图块的任意位置，天正软件电气系统将按"最近点连线"原则，自动确定设备上接线点的位置。但如果希望控制设备上的出线点，则可以在同一设备上再点取一次，这时第二次点取到的设备上的点便作为下一点连接的接线点，而不再自动选择最近点作为接线点了。

"最近点连线"原则是指在画点与设备的连线或设备与设备的连线时都是取设备中距离对方最近的那个接线点作为连线点。这样画导线的优点是画设备间的连线时对每个设备块只需点取一次，而且大多数情况下能画出理想的连线。另外，如果希望画出理想的连线，也需要在制作设备图块时要在适当的位置设置一定数量的接线点(一般一个设备可设置 3 ~ 4 个接线点)。

对于大部分设备块，天正软件电气系统都按"最近点连线"原则连线[见图 5.38（a）]；只有外形为圆的设备块，不用以此原则连线，而是采用连线的延长线经过圆心的原则[见图 5.38（b）]。

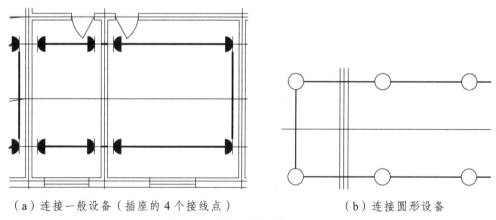

（a）连接一般设备（插座的 4 个接线点）　　　　（b）连接圆形设备

图 5.38　通用布线连线原则示例

6. 标注设备

菜单位置："标注统计" → "标注设备" 。

功能：按国际规定形式对平面图中电力和照明设备进行标注，同时将标注数据附加在被标注的设备上。

　　在菜单上选取本命令后，弹出如图 5.39 所示的"用电设备标注信息"悬浮式对话框。同时屏幕命令行提示：

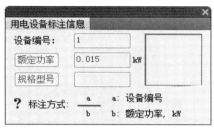

图 5.39　"用电设备标注信息"对话框

请选择需要标注信息的用电设备：<退出>

可用各种 AutoCAD 选图元方式选定要输入标注信息的设备，一次只能标注一个设备。

"用电设备标注信息"对话框中显示该种设备的各项参数，在此对话框中分别输入或修改"设备编号""额定功率"和"规格型号"等编辑框的参数后（并不要求输入所有的参数），命令行接着提示：

请输入标注起点{修改标注[S]}<退出>

请给出标注引出点<不引出>：

根据命令行提示选择标注引线的起点，再在图中点取标注引线的终点，则标注根据引线方向自动调整放置。标注形式如"用电设备标注信息"对话框下部所示。

如果所选设备是消防、广播、电视和电话等弱电设备时，其标注形式是不同的，下面通过对扬声器插座进行标注的例子来说明。

在图中选择一个扬声器插座，这时在"用电设备标注信息"对话框中只出现了"型号"编辑框，选择规格型号，单击"确定"[见图 5.40（a）]，在图中点取标注引线的起始点和终点，使标注完成[见图 5.40（b）]。

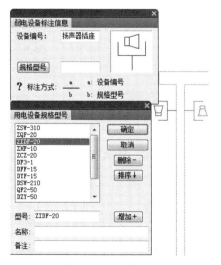

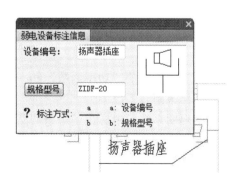

（a）选择设备规格型号　　　　　　　　（b）完成并放置标注

图 5.40　弱电设备标注示例

小结:"平面设备""导线"及"标注统计"菜单均为绘制电气平面图时常用菜单,上文所列举常用命令可以快速调用天正电气图库中已有图块进行布置、连线、标注。图库中未包含的图块也可以通过造设备块的方式加入系统以便后面长期使用,菜单中其余命令大家可自行熟悉其操作及相关功能。

(二)系统图制图命令

1. 照明系统

菜单位置:"强电系统"→"照明系统"。

功能:绘制常规的照明系统图。

在菜单上点取本命令后,弹出如图 5.41 所示的"照明系统图"对话框。

用户根据实际需要选择"回路数"后绘制系统图,还可以选取"绘制方向"选择框决定生成的系统图是横向还是纵向排列,如对话框右侧预览框中预演所示。系统对"引入线长度 S""支线间隔 D""支线长度 L"提供了多个数据供用户选择。用户可以通过旋转按钮调整"回路数",但如果是从平面图中读出来的则为搜索得来,不得更改。同时可以根据需要选择"进线带电度表"和"支线带电度表"两个选择框,选择是否在进线和支线上添加电度表。"总额定功率"编辑框中输入系统的额定功率,为电流计算提供数据。

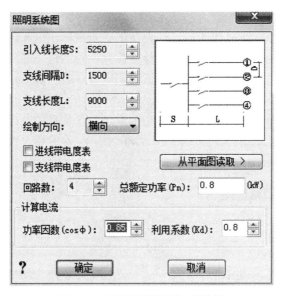

图 5.41 "照明系统图"对话框

在"计算电流"中的"功率因数"和"利用系数"编辑框中输入数据可进行简单电流计算,并将计算结果附在系统图旁。

在绘出的照明系统图中标出了每条回路的编号和负载。

对于绘制要求复杂的照明系统图,或希望根据三相平衡计算电流,用户应选择"系统生成"命令来绘制。

2. 动力系统

菜单位置:"强电系统"→"动力系统"。

功能：绘制简单的动力系统图。

点取本命令，屏幕弹出"动力配电系统图"对话框，如图 5.42 所示。此对话框分为两部分，上部分左侧为系统图示意框，其他位置为一些参数编辑框，用户通过输入这些参数对将要绘制的动力系统图进行设定。下部分为回路标注编辑框。下面对对话框中这些内容进行介绍。

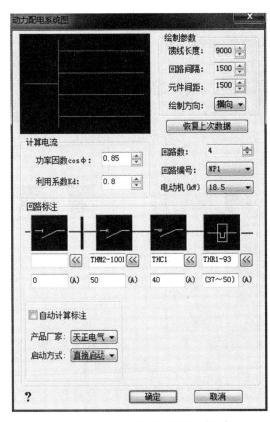

图 5.42　"动力配电系统图"对话框

"系统图示意框"：显示的是将要绘出的动力系统图的简单图形形状，更改回路编号对某一条线路进行编辑时，示意图形中某导线显示为红色。

点击线路中元件图标，可设置线路中所使用的元件类型。

馈线中可使用多功能电器替代原回路中的短路器、接触器及热继电器。

"馈线长度""回路间隔""元件间距"：设置绘图参数。

"绘制方向"：绘制动力系统图时回路排列的方向，有横向和竖向两种选择。

"计算电流"：使用方法及作用与"照明系统"相同。

"回路数"：选择回路数，系统图示意框中的图像根据回路数增减发生相应变化。

"回路编号"：该编号由系统自动给出，用户通过选择不同的回路编号来作为当前回路进行相应编辑，选中的当前回路在系统图示意框中用红色表示。

"电动机"：系统给出几个常用电动机功率供选择，用户可根据系统图示意框中红线提示选择该线路上的电动机功率。根据所选择的功率不同，对话框下面的回路标注中会自动给出该回路标注。

"回路标注"：第一行显示为动力系统回路绘制中元件的样式，该样式不得更改，下面两行为当前回路的标注，根据该回路所选择的电动机由系统自动给出标注，可以手动修改，其中型号可以从型号库中选择，具体操作方法同"元件标注"。

"产品厂家"：用来切换厂家产品。

"启动方式"：用来切换启动方式，绘制方案的样式会自动改变。图 5.43 所示分别为选择可逆启动方式时的方案样式和星三角启动方式时的方案样式。

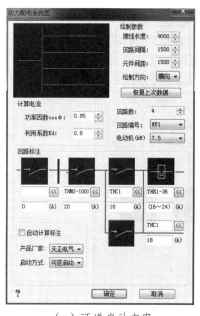

（a）可逆启动方案　　　　　　　　　（b）星三角启动方案

图 5.43　电机启动方式选择

参数及方案确定后，点击"确定"按钮，屏幕命令行提示：

请输入插入点<退出>；

在图纸中选择插入点后即可完成绘制动力系统图，如图 5.44 所示。

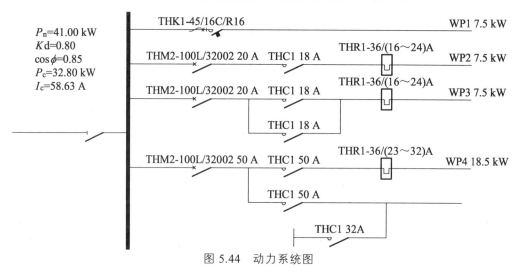

图 5.44　动力系统图

小结：自动生成的配电箱系统图，其母线和馈线根据"电气设定"设置的颜色和宽度绘制。分隔线由"电气设定"的"系统导线带分隔线"控制是否生成，自动生成系统图可用于生成相对简单固定的配电箱系统，在较复杂的系统环境下，自动生成可作为辅助工具，根据设备情况人工检查并二次完善系统图。

二、天正电气制图实操

（一）照明平面图绘制

视频 5.3 阅览室照明
平面图绘制

制图任务如下：在图 5.45 所示的学生阅览室平面图中布置照明灯具、开关、电扇并连接导线。要求如下：

（1）阅览室设置双管荧光灯 9 盏，采用吊管安装，讲台设置双管荧光灯 2 盏，采用壁挂安装。

（2）阅览室设置吊扇 4 台，照明开关及电扇开关均安装于靠讲台侧门口处。

（3）阅览室配电箱安装于讲台一侧门口墙上。

根据设计任务，使用天正电气软件完成绘图任务。

本次练习应重点掌握天正电气"平面布置"菜单中"任意布置"命令和"导线"菜单中"平面导线"命令。

根据设计任务要求，我们将任务分为两个部分，第一部分为设备布置，即任务中提及的灯具、吊扇、开关、配电箱。第二部分为导线布置，完成设备布置后将设备按照一定的顺序用导线连接起来，最终完成了本次制图。

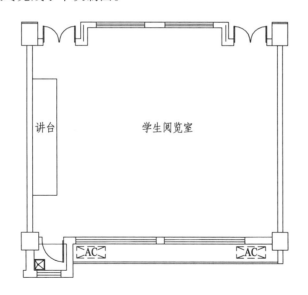

图 5.45 学生阅览室平面图

1. 布置灯具

点击"平面设备"，选择"任意布置"⊗，在图库下拉菜单中选择"灯具"，按照制图任务要求选择双管荧光灯，如图 5.46 所示。

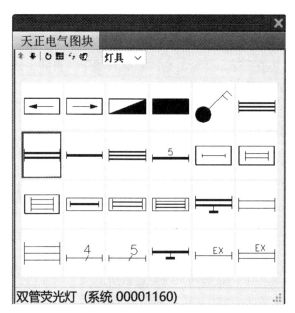

图 5.46　灯具图块选择

　　将光标移动至阅览室平面图内，选择合适位置并点击即可布置灯具，移动光标至不同位置便可布置其余灯具，在布置灯具时应均匀布置，可通过测量阅览室尺寸事先规划灯具布置间距。用同样的方法再次在设备库中选取壁装式双管荧光灯均匀布置于讲台侧墙面，至此灯具布置完成，如图 5.47 所示。

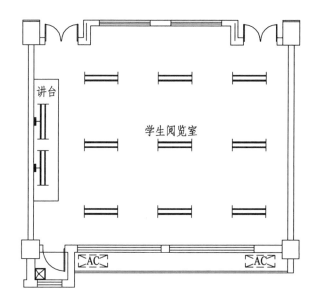

图 5.47　灯具布置图

2. 布置吊扇、开关及配电箱

　　点击"平面设备"，选择"任意布置" ⊗，在设备库中选择"动力"子菜单，选择风扇图块（见图 5.48），按照布置灯具的步骤将其均匀布置在阅览室中。

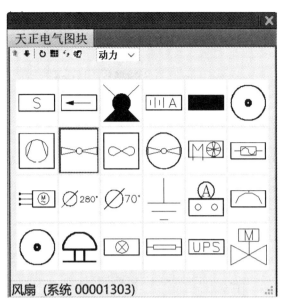

图 5.48　吊扇图块选择

点击"平面设备",选择"任意布置" ⊗,在设备库中选择"开关"子菜单,选择"三联开关"[见图 5.49(a)],移动光标至讲台侧门口墙壁,插入开关即可(插入时按键盘"A"键可旋转图块)。

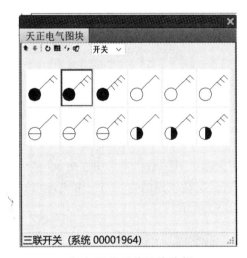

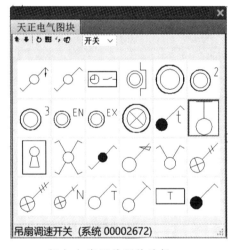

(a)照明开关图块选择　　　　　　　(b)电扇开关图块选择

图 5.49　开关图块选择

点击"平面设备",选择"任意布置" ⊗,在设备库中选择"开关"子菜单,选择"吊扇调速开关"[见图 5.49(b)],移动光标至讲台侧门口墙壁,插入开关即可(插入时按键盘"A"键可旋转图块)。

点击"平面设备",选择"任意布置" ⊗,在设备库中选择"箱柜"子菜单,选择"照明配电箱"(见图 5.50),移动光标至讲台侧门口墙壁,插入开关即可。

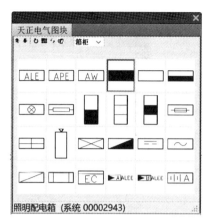

图 5.50　配电箱图块选择

此时灯具、吊扇、开关及配电箱均已按要求布置在阅览室平面图中，如图 5.51 所示。

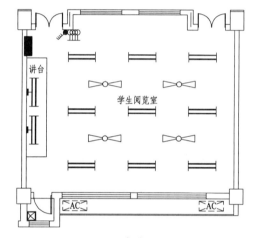

图 5.51　设备布置平面图

3. 连接导线

点击"导线"，选择"平面布线" ，选择"WIRE-照明"回路（见图 5.52），移动光标至灯具接线点，将阅览室内灯具有序连接，然后将离配电箱较近的灯具与配电箱连接。用同样的方法将吊扇连接后与配电箱连接，完成后如图 5.53 所示。

图 5.52　选择"WIRE-照明"回路

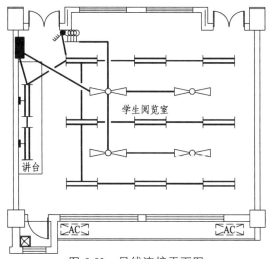

图 5.53　导线连接平面图

4. 图纸标注

照明平面图中一般需要标注的内容有设备标注、配电回路编号标注、灯具标注等。

（1）配电箱标注，点击菜单"标注统计"→"标注设备" 子菜单，将光标移动至配电箱上，引出标注内容输入配电箱编号即可；

（2）配电回路标注，点击菜单"标注统计"→"回路编号" 。

功能：为线路和设备标注回路号。

在菜单上或右键选取本命令后，弹出如图 5.54 所示的对话框。

视频 5.4 阅览室照明
平面图标注

对话框中有三种编号方式："自由标注""自动加一""自动读取"。

"自由标注"方式是根据对话框中"回路编号"的设定值，对所选取的导线进行标注。

"自动加一"方式是以对话框中"回路编号"的设定值为基数，每标注一次，回路编号的值即自动加一，可以依次实现递增标注。

图 5.54　回路编号对话框

"自动读取"方式是不受对话框中"回路编号"设定值影响的一种回路编号标注方式，可以自动读取导线本身设置的值。不论采取哪一种标注方式，在标注的同时导线本身的信息也会随之改变，即导线包含的回路编号信息与标注一致。图 5.55 中共有两条回路，即 WL1 和 WL2。

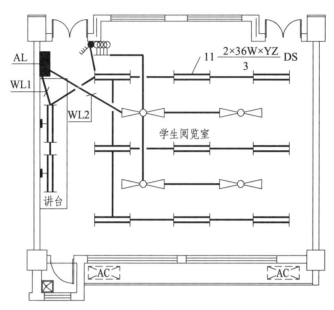

图 5.55 阅览室照明平面图

（3）灯具标注，点击菜单"标注统计"→"标注灯具" 📝。

功能：按国标规定格式对平面图中灯具进行标注，同时将标注数据附加在被标注的灯具上。在菜单上选取本命令后，弹出如图 5.56 所示的"灯具标注信息"悬浮式对话框。

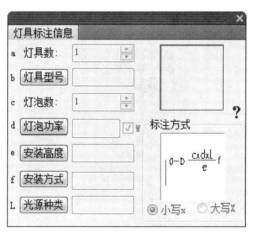

图 5.56 "灯具标注信息"对话框

同时屏幕命令行提示：

请选择需要标注信息的灯具：<退出>

此时可用各种 AutoCAD 选图元方式选定要标注的灯具，也可选图块符号相同的几个灯具，则所选灯具的各项参数都显示在"灯具标注信息"对话框中，可以对其中的参数进行修

改。与"设备定义"命令不同的是本命令不仅可以标注信息,而且可以对同种灯具分别进行不同参数的输入,选择完毕后命令行提示:

请输入标注起点{修改标注[S]}<退出>:

根据命令行提示选择标注引线的起始点,然后再选择标注的放置点,标注的左右方向由引线的角度自行调整,用户可用鼠标调整。

在阅览室照明平面图中对双管荧光灯进行标注,执行本命令后选择要标注的双管荧光灯,弹出"灯具标注信息"对话框,我们修改"安装方式"编辑框,点取"安装方式"按钮,弹出"安装方式"对话框,从列表中选取需要的安装方式,确定后返回,其他参数的选择与安装方式参数类似。在图中点取标注引线的起点,此时会出现标注的预演,用户可以通过鼠标移动此标注信息并放到合适的位置,最后点取引线的终点,标注会自动调整放置方向,如图5.57 所示。

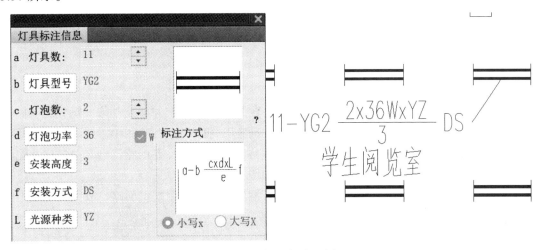

图 5.57　灯具标注示例

按《建筑电气制图标准》(GB/T 50786—2012)的规定,图中灯具标注文字的书写格式为:

$$a-b-\frac{c\times d}{e}f$$

其中,a 为灯具数量,b 为灯具型号,c 为灯具内灯泡数量,d 为单只灯泡功率,e 为灯具安装高度,f 为安装方式。如图 5.55 所示,灯具标注信息:阅览室内灯具数量为 11,灯具型号为双管荧光灯,灯具内光源数量为 2 个,单光源功率为 36 W,安装高度为 3 m,安装方式为管吊式安装,光源类型为直管荧光灯。至此阅览室照明平面图已按照设计任务要求完成。

(二)供配电系统图绘制

1. 照明配电箱系统图

点击菜单"强电系统"→"照明系统" ,弹出如图 5.58 所示的"照明系统图"对话框,按照阅览室照明平面图绘制简单的照明配电箱系统图。

视频 5.5 阅览室照明配电箱系统图绘制

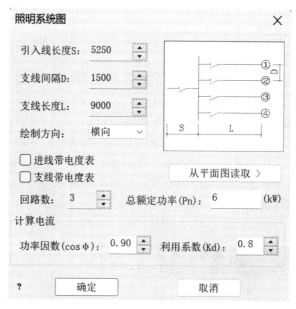

图 5.58　自动生成"照明系统图"对话框

　　将"自动生成照明系统图对话框"中"回路数"设置为 3，"总额定功率"设置为 6 kW，"功率因数"为 0.9，"利用系数"为 0.8，点击"确定"，插入 CAD 绘图中。此时生成的照明系统图还需要进一步完善，补充标注电源进线规格、进线开关、各回路配电开关规格及配电线路后，阅览室照明配电箱系统图基本完成，如图 5.59 所示。

　　在实际施工图中除了照明回路，一般还会有插座回路等常用配电回路，故该系统图中除了平面图中 WL1 回路外，另有 WL2 和 WL3 回路。

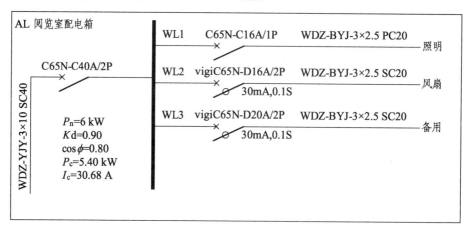

图 5.59　阅览室配电箱系统图

2. 低压单线系统图绘制

　　点击菜单"强电系统"→"低压单线" ，弹出"低压单线系统"对话框，如图 5.60 所示。

视频 5.6 低压单线
系统图绘制

图 5.60　"低压单线系统"对话框

"预览（单击修改）"：回路方案的预演框，显示所选列表中的相应回路方案的图形示意，同时用户可以通过点击预演图从弹出的相应回路方案中选取需要的回路方案。

"方案"：列出用户要组成的低压单线系统图中所包含的每个回路方案的名称及开关柜中的出线数，列表中的回路方案通过点击列表右侧的一排按钮来添加、删除和调整。

"左进线""右进线""电容补偿""左联络""右联络""出线"和"删除"：通过点击这些按钮在低压单线系统图中增加或删除回路方案，同时在"方案"中列出所定制的回路方案。

"出线风格"：通过"出线横向绘制"和"出线竖向绘制"这一对互锁按钮选择开关柜在低压单线系统图中的绘制方向，在其下方有相应的预演图形象显示。

"预览"：点击该按钮可以在对话框下方预览用户定义的低压单线系统图。

按照上述步骤，在"低压单线系统"对话框中依次点击"左进线""电容补偿"，"出线数量"设为 4，此时在预览界面可见低压单线系统图样式（见图 5.61），点击确定插入绘图界面即可。由预览图可见此单线图与图 5.22 相比简单许多，快速绘制单线图仅完成图例符号的绘制，而设备元件参数标注仍需要人为完善。

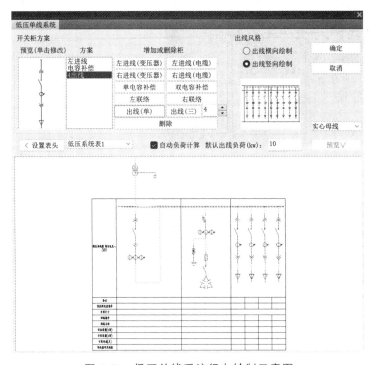

图 5.61　低压单线系统行向绘制示意图

（三）电气原理图绘制

1. 电机主回路绘制

功能：绘制电机主回路，并选择启动方式、测量保护等接线形式。

点击菜单"原理图"→"电机回路"▊▊▊，弹出"电机主回路设计"对话框，如图 5.62 所示。本命令主要是用来绘制电机主回路，不论什么样的主回路都是由基本形式构成的，复杂之处只是在于附加的功能有所不同。

视频 5.7 星三角启动
电机主回路图绘制

首先在对话框上选择主回路基本形式。对话框里提供了四种主回路方案供用户选择,当用户用左键在主回路的预演框中点选后，则该方案被选定。

如果还需要对主回路加入其他接线方式，则选中"选择启动方式"选择框，这时可用鼠标选择对话框中提供的四种启动方式：频敏变组器、星/角、自耦降压、转子串电阻。选择的启动方式回路自动加在主回路上。

用户也可以选择"选择正反转回路"选择框，加入正、反转运行方式,该部分被自动加在主回路上。

通过这些操作用户可以绘出复杂的电机主回路，然后选择插入点插入到图中。例如，点击菜单"原理图"→"电机回路"▊▊▊，在"电机主回路设计"对话框中选择左上第一种方案主回路，启动方式选择"星/角"启动，点击"确定"插入图纸，即可得到如图 5.63 所示电机启动主回路。

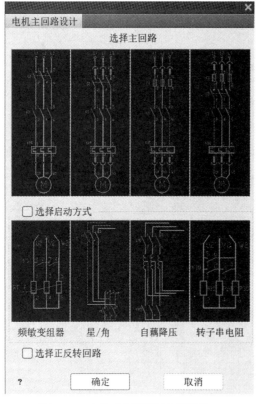

图 5.62　电机主回路设计对话框

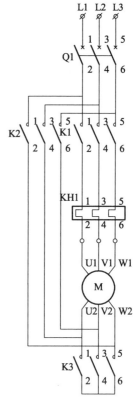

图 5.63　电机启动主回路

将电机启动主回路图插入图纸后，就可以根据电机参数对回路中相关控制保护开关参数进行修改标注。

2. 风机控制原理图绘制

点击菜单"原理图"→"天正图库" 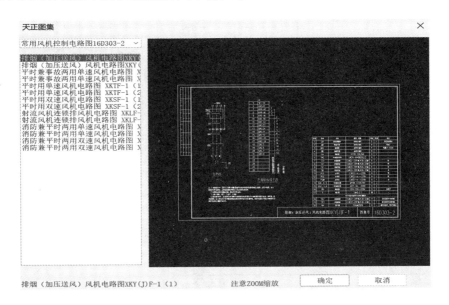，弹出如图 5.64 所示"天正图集"对话框。

视频 5.8　风机控制原理图绘制

功能：从国标图集中选取相应的标准图插入。

图 5.64　"天正图集"对话框

"天正图集"对话框的左上角的列表框中列出所有原理图类别，左下角显示各类别下的原理图名称。选定相应原理图后可在右侧预演 DWG 完全内容，用户可点击鼠标中键或滚轮详细查看该内容，点击"确定"插入该 DWG，命令行提示：

请点选插入点<退出>：

点取标准图集的插入位置，则将标准图插入到图中，结束本命令。

天正图库中涵盖了常用低压配电系统图、配电箱系统图及各类风机水泵控制原理图，图库中原理图均为国标图集中通用原理图，对于部分通用型电机设备，可以直接通过天正图库调用控制原理图。

操作示例：点击菜单"原理图"→"天正图库" ，在"天正图集"对话框下拉菜单选择"常用风机控制电路图 16D303-2"，选择"排烟（加压送风）风机电路图 XKY(J)F-1"，点击"确定"插入图纸，即可得到如图 5.65 所示风机控制原理图。

3. 水泵控制原理图绘制

点击菜单"原理图"→"天正图库" ，弹出"天正图集"对话框，在"天正图集"对话框下拉菜单选择"常用水泵控制电路图 16D303-3"，选择"单台排水泵水位控制及高水位报警控制电路图 XKP-4-1"，点击"确定"插入图纸，如图 5.66 所示。

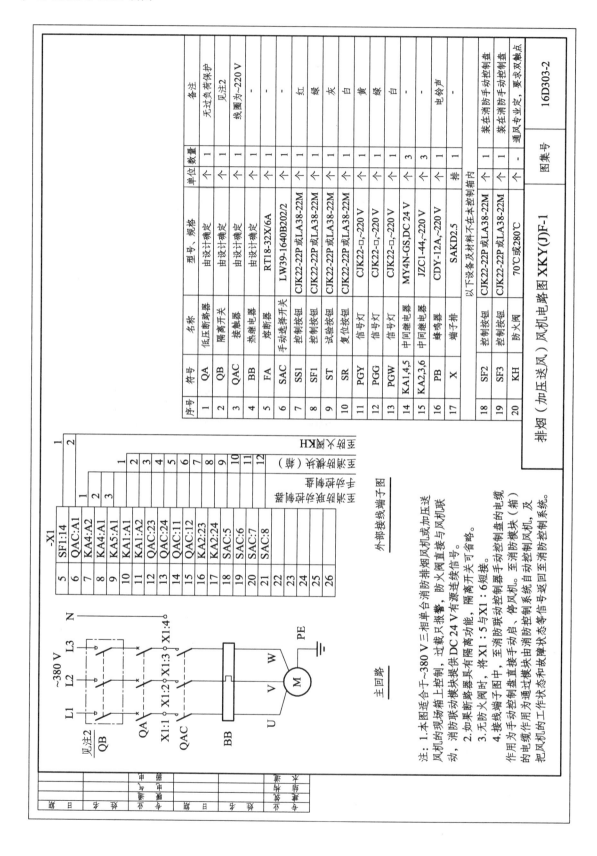

序号	符号	名称	型号、规格	单位	数量	备注
1	QA	低压断路器	由设计确定	个	1	无过负荷保护
2	QB	隔离开关	由设计确定	个	1	见注2
3	QAC	接触器	由设计确定	个	1	线圈为~220 V
4	BB	热继电器	由设计确定	个	1	-
5	FA	熔断器	RT18-32X/6A	个	1	-
6	SAC	手动选择开关	LW39-1640B202/2	个	1	-
7	SS1	控制按钮	CJK22-22P或LA38-22M	个	1	红
8	SF1	控制按钮	CJK22-22P或LA38-22M	个	1	绿
9	ST	试验按钮	CJK22-22P或LA38-22M	个	1	灰
10	SR	复位按钮	CJK22-22P或LA38-22M	个	1	白
11	PGY	信号灯	CJK22-□,~220 V	个	1	黄
12	PGG	信号灯	CJK22-□,~220 V	个	1	绿
13	PGW	信号灯	CJK22-□,~220 V	个	1	白
14	KA1,4,5	中间继电器	MY4N-GS,DC 24 V	个	3	-
15	KA2,3,6	中间继电器	JZC1-44,~220 V	个	3	-
16	PB	蜂鸣器	CDY-12A,~220 V	个	1	电铃声
17	X	端子排	SAKD2.5	排	1	-
			以下设备及材料不在本控制箱内			
18	SF2	控制按钮	CJK22-22P或LA38-22M	个	1	装在消防手动控制盘
19	SF3	控制按钮	CJK22-22P或LA38-22M	个	1	装在消防手动控制盘
20	KH	防火阀	70℃或280℃	个	-	通风专业定，要求双触点

排烟（加压送风）风机电路图 XKY(J)F-1　　图集号 **16D303-2**

外部接线端子图

主回路

注：1. 本图适合于~380 V 三相单台消防排烟风机或加压送风风机的现场箱上控制，过载只报警，防火阀直接与~源连动，消防联动模块提供DC 24 V有源连续信号。

2. 如果联动模块具有隔离功能，隔离开关可省略。

3. 无防火阀时，将X1：5与X1：6短接。

4. 接线端子图中，至消防联动控制器手动控制盘的电缆作用为直接手动启动、停风机。至消防手动控制盘（箱）的电缆作用为通过模块由消防控制系统自动控制风机，及把风机的工作状态和故障状态等信号返回至消防控制系统。

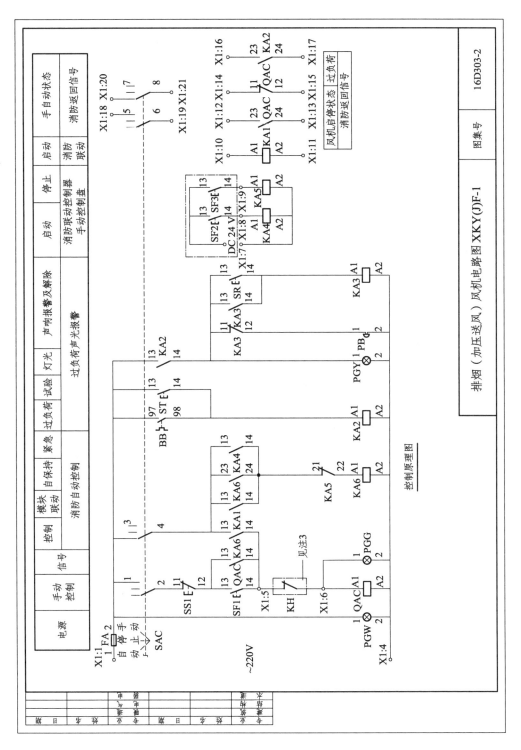

图 5.65　排烟（加压送风）风机电路图

185

电气识图与 CAD 制图

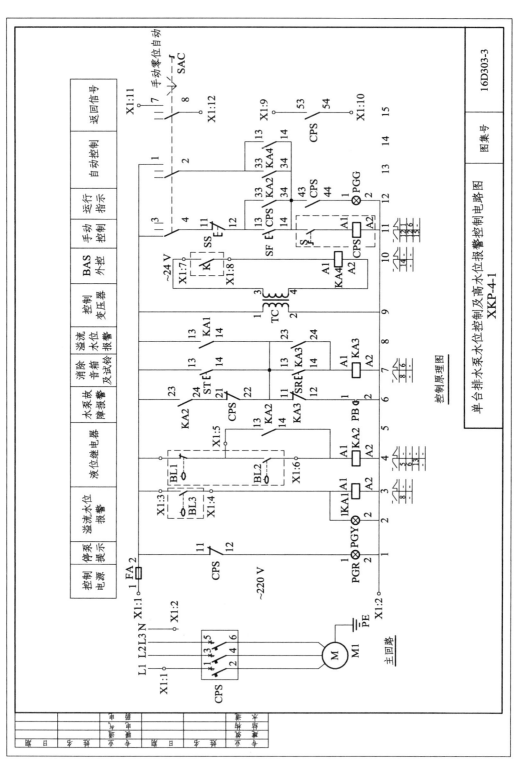

图 5.66 水泵控制电路图

186

三、天正电气计算

天正电气软件内置多种电气工程数据计算器，此处以防雷设计中年预计雷击次数计算举例。采用年雷击数计算的命令用来计算建筑物的年预计雷击次数。这些计算程序设计依据来自国家标准《建筑物防雷设计规范》（GB 50057—2010）。该计算的计算参数主要有建筑物的等效面积、校正系数和年平均雷击密度等。

视频 5.9 利用天正电气进行建筑物防雷计算

菜单位置："接地防雷" → "年雷击数" 📊。

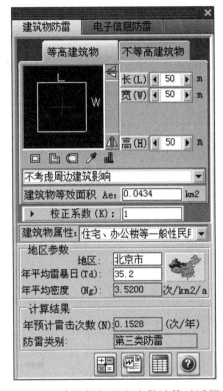

图 5.67　建筑物年雷击次数计算对话框

在菜单上选取本命令后，屏幕上出现如图 5.67 所示的"建筑物年雷击次数计算"对话框。在这个对话框里可以完成建筑物年预计雷击次数的计算。该计算结果可以作为确定该建筑物的防雷类别的一个依据。程序中所用的计算公式来自 GB 50057 标准中的附录一。

下面对对话框中的各控件进行说明。

该对话框中建筑物的"长""宽""高"三项参数是用来计算建筑物等效面积的，三个编辑框中的值可以手动输入，也可以点选控件增大或减小参数值。点击"长""宽"按钮可从图中拾取建筑物参数值。其左侧的预览框可以预览当前建筑的形状，并随建筑物的各项参数值变化而变化。输入建筑物参数后则自动计算出等效面积（km^2），并显示在下方的"建筑物等效面积"编辑框中。如果用户已经知道建筑物的等效面积也可以直接输入。

预览框下方的控件按钮依次为"矩形建筑""L 形建筑""单边圆弧形建筑""从图纸上拾取建筑物外轮廓"和"绘制建筑外轮廓"。其中，"矩形建筑""L 形建筑""单边圆弧形建筑"

按钮用来确认当前建筑的外轮廓，选择不同形状的建筑时，预览框效果以及右侧的输入参数控件也会随之改变，可在控件中输入对应的参数并自动计算出等效面积；也可以使用"从图纸上拾取建筑物外轮廓"来直接选择图中建筑物的范围，同样自动计算出其等效面积；点击"绘制建筑外轮廓"可按照对话框中当前建筑的参数在图纸中绘制建筑外轮廓。其下方的下拉框用来设置是否考虑周边建筑物的影响。

单击"校正系数"按钮，屏幕上出现如图 5.68 所示的"选定校正系数"对话框。在这个对话框中的四个互锁按钮中任选其一，便确定了校正系数值并显示在下面的"选定系数值"编辑框中，然后单击"确定"按钮可返回主对话框。主对话框中的校正系数值是可以直接输入参与计算的。

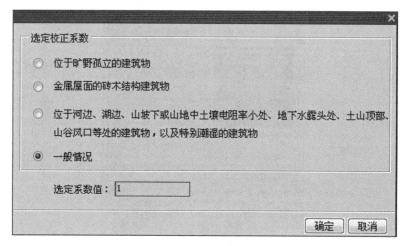

图 5.68 选定校正系数对话框

点击建筑物属性下拉菜单，可选择不同的建筑物属性，如图 5.69 所示。

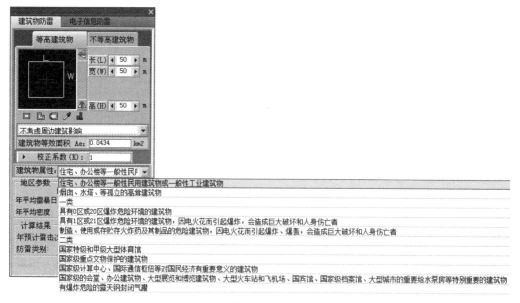

图 5.69 建筑物属性选择菜单

"地区参数"设置栏显示当前计算的地区以及该地区的年平均雷暴日和年平均密度值。

单击对话框中地图样式的按钮，屏幕上出现"雷击大地年平均密度"对话框，其中可选择地区数据。在该对话框中的"地区选择"和"城市选择"下拉框中分别选定省、市名，该地区的年平均雷暴日数据就会显示在"年平均雷暴日"编辑框中，单击"确定"按钮可返回主对话框中的"年平均密度"编辑框中，这个值可以在主对话框中直接键入。

将所有三个计算所需数据输入之后，单击"计算"按钮，计算结果便出现在主对话框中。点击"计算书"可出详尽的 Word 文档计算书。

点击"绘制表格"按钮可把刚才计算的结果绘制成 AutoCAD 表格并插入图中，如表 5.1 所示。

表 5.1　年预计雷击次数计算结果

年雷击计算表（矩形房间）		
建筑物数据	建筑物的长 L(m)	50
	建筑物的宽 W(m)	50
	建筑物的高 H(m)	50
	等效面积 Ae(km^2)	0.043 4
	建筑物属性	住宅、办公楼等个般性民用建筑物或一般性工业建筑物
气象参数	地区	北京市
	年平均雷暴日 Td(d/a)	35.2
	年平均密度 Ng/[次/(km^2·a)]	3.520 0
计算结果	预计雷击次数 N/(次/a)	1.528
	防雷类别	第三类防雷

天正电气软件在工程行业中应用广泛，本章内容旨在培养学生掌握天正电气软件的基本操作技能，能够运用软件进行电气图纸的设计、绘制和分析。通过课程学习，学生应能够在实际工程项目中应用天正电气软件，提高电气工程设计的效率和质量。

思考与实例练习

1. 天正电气中图层控制命令有何作用？

2. 进行设备平面布置时设备库内没有适用的图块该如何处理？

3. 尝试将平面布置中任意布置命令快捷键修改为自己名字拼音首字母缩写。

4. 某房间内灯具标注如下：$3-YG2\dfrac{2\times24}{2.8}SW$，请用文字描述该房间内灯具数量、规格、安装方式、安装高度等信息。

5. 试利用天正电气原理图库插入消防水泵一用一备控制原理图。

6. 本章绘制的阅览室照明平面图中，试用矩形布置命令完成灯具平面布置。

7. 某矩形建筑，长 50 m，宽 25 m，高 15 m，试用天正电气软件中计算功能计算该建筑年预计雷击次数。

8. 如图 5.70 所示房间，内部电气点位要求：灯具数量 12 盏（4×3），插座 6 个，柜式空调插座 2 个，配电箱 1 个。请完成该房间电气照明插座平面图布置并对应完成该房间配电箱系统图布置。

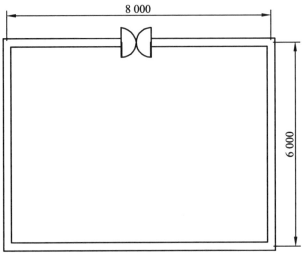

图 5.70　题 8 图

参考文献

[1] 杜永峰，李小敏，宋云清. 电气设计 CAD[M]. 北京：北京航空航天大学出版社，2022.

[2] 付家才. 电气 CAD 工程实践技术[M]. 3 版. 北京：化学工业出版社，2021.

[3] 邵红硕. 电气识图与 CAD 制图[M]. 北京：机械工业出版社，2023.

[4] 天工在线. 中文版 AutoCAD 2018 电气设计从入门到精通（实战案例版）[M]. 北京：中国水利水电出版社，2018.

[5] 李诗洋. AutoCAD 2020 电气设计从入门到精通（升级版）[M]. 北京：电子工业出版社，2020.

[6] 颜晓河，陈荷荷. 电气 CAD 技术[M]. 北京：机械工业出版社，2021.

[7] 王素珍，徐忠浩，付玉东. AutoCAD 电气设计从入门到精通[M]. 北京：化学工业出版社，2020.

[8] 刘洁，李瑞. AutoCAD 2020 中文版电气设计从入门到精通[M]. 北京：电子工业出版社，2019.

[9] 麓山文化. T20-Elec V6.0 天正电气软件标准教程[M]. 北京：机械工业出版社，2021.

[10] 刘长国，黄俊强，孔凡梅. AutoCAD 电气工程制图[M]. 北京：机械工业出版社，2023.

[11] 中国航空规划设计研究总院有限公司. 工业与民用供配电设计手册[M]. 4 版. 北京：中国电力出版社，2016.